数字电路基础与实践

曹振东　谢志平◎主　编

戴鸿基　肖　建　刘小娴◎副主编

王为民◎主　审

苏公雨◎副主审

电子工业出版社

Publishing House of Electronics Industry

北京·BEIJING

内 容 简 介

本书为数字电路教学提供了一种全新的思路：注重理论与实际应用的快速结合，引入大量可以随堂实验的案例。同时，为保证知识的完整性与连贯性，本书涵盖了数字电路中的逻辑运算、门电路、组合逻辑和时序逻辑等基础概念。针对数字逻辑本身较为晦涩、抽象的特点，本书引入了经典的 74 系列芯片实验电路，配合口袋仪器、面包板、接插元件等模块，使操作过程更加实时，鼓励学生在动手操作的过程中提出问题并给出解决方案；同时，结合当前行业中应用更加广泛的 FPGA 对所学内容进行具象化实践，通过完整的案例串联数字信息、硬件结构与软件实现，帮助学生对数字信息与逻辑的本质建立更直观、更立体的思维模型。

本书可作为职业技术院校电子信息类专业"数字电路基础"课程的实验指导教材，也适合 FPGA 初学者使用。

图书在版编目（CIP）数据

数字电路基础与实践 / 曹振东，谢志平主编. —北京：电子工业出版社，2022.10

ISBN 978-7-121-43949-0

Ⅰ. ①数… Ⅱ. ①曹… ②谢… Ⅲ. ①数字电路—职业教育—教材 Ⅳ. ①TN79

中国版本图书馆 CIP 数据核字（2022）第 119259 号

责任编辑：白 楠　　特约编辑：王 纲
印　　刷：天津千鹤文化传播有限公司
装　　订：天津千鹤文化传播有限公司
出版发行：电子工业出版社
　　　　　北京市海淀区万寿路 173 信箱　邮编　100036
开　　本：787×1 092　1/16　印张：10　字数：256 千字
版　　次：2022 年 10 月第 1 版
印　　次：2022 年 10 月第 1 次印刷
定　　价：49.00 元

凡所购买电子工业出版社图书有缺损问题，请向购买书店调换。若书店售缺，请与本社发行部联系，联系及邮购电话：（010）88254888，88258888。

质量投诉请发邮件至 zlts@phei.com.cn，盗版侵权举报请发邮件至 dbqq@phei.com.cn。

本书咨询联系方式：（010）88254592。

PREFACE 前言

为满足职业技术教育人才培养的需要，本书通过"任务驱动式"教学模式来构建职业院校、技师学院电子技术专业的知识和技能体系。同时，本书借鉴了世界技能大赛的相关专业内容、标准和行业规范。

为了将抽象、晦涩的电子技术知识转化成可读性强、容易理解和掌握的实践技能，本书结合企业岗位实际需求情况，对数字电子技术知识进行了梳理和编排，全书分为5章，共10个典型实践案例。每个案例配有迷你实验板，通过典型、实用的操作项目和电路实践的形式，使学生对电路建立感观认识，学会对理论知识进行实践、验证、理解和掌握，从而获得相应的专业知识和技能。

本书中所使用的实验设备，如面包板电源、万用表、多功能调试助手等设备均为独立供电的小巧便携设备，可辅助学生随时随地完成实验中所需的供电、测量、调试等关键步骤。将本书与便携式实验设备结合，不仅可以有效强化电子工程领域的实践与动手环节，其低门槛与便捷程度更是可以将该模式进行普及化推广。相关硬件及配套设备的获得方式可以按如下联系方式进行咨询：吴志军，（0512）67862536，zhijun@stepfpga.com。

本书可作为职业院校、技师学院电子类专业的教学用书和国家电子类职业技能认证的岗位培训教材，本书配有电子教学参考资料包，读者可从电子工业出版社华信教育资源网免费下载。

本书由苏州思得普信息科技有限公司曹振东、广东省技师学院谢志平担任主编，苏州硬禾信息科技有限公司戴鸿基、南京邮电大学肖建、广东省技师学院刘小娴担任副主编，广东省技师学院曾伟业、刘岚、邱吉锋、张国良和湖南省郴州技师学院徐湘和、苏州硬禾信息科技有限公司张姬、苏州硬禾信息科技有限公司吴志军参编，广东省技师学院王为民担任主审，苏州硬禾信息科技有限公司苏公雨担任副主审。本书还得到了李田、陈苏武、邓文灿、黄鑫、李杰、肖建章、李永忠、袁建军、韦清、刘建芬、刘泽龙、黄宝鹏、陈嘉毅、李姿利等的大力协助和支持，在此一并表示衷心感谢！

由于编者水平有限，书中难免存在疏漏之处，敬请广大读者批评指正。

编　者

CONTENTS

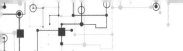

数字电路基础与实践

第1章

常用的数字电路模块

 1.1 基础概念

数字的本质就是对真实世界的一种抽象。在人类文明发展的过程中，人们习惯通过十进制数来表达、描述和理解这个世界。而数字电路是建立在二进制之上的，也就是说，数字电路的本质就是不断地与 0 和 1 这两个二进制数打交道。本章主要为读者讲解数字电路实验基础知识，因此首先介绍数字信号与二进制数的概念，并在此基础上逐渐引入模块、真值表与逻辑代数等概念。

1. 模拟信号与数字信号

信号是传递某种现象或信息的物理载体。信号可以分为模拟信号与数字信号。模拟信号是指在时域中连续的信号，如正弦波、三角波信号，噪声也属于模拟信号的范畴。而在数字电路中，所有的模拟量都被简化成高电平信号与低电平信号，因此信号是离散的。图 1.1.1 将两种信号进行了对比。

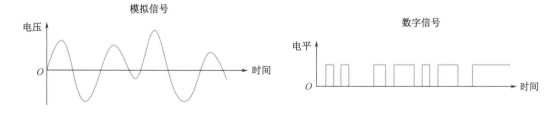

■ 图 1.1.1 模拟信号与数字信号的对比

在实际的物理层级中，数字信号的产生往往是通过数字芯片实现的。当前的数字芯片工艺主要有两种：以双极性晶体管为主的 TTL 工艺和以金属氧化半导体为主的 CMOS 工艺。相比于 TTL 而言，CMOS 凭借更小的工艺尺寸和低能耗在高密度集成电路和低功耗设计中占据绝对主流地位。图 1.1.2 给出了两种工艺的门电路内部结构。

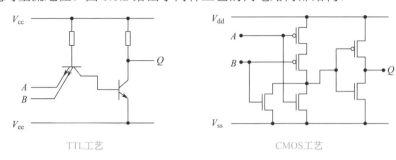

图 1.1.2　采用 TTL 与 CMOS 工艺的门电路内部结构

2.　数字信号与数制

数字逻辑电路中常用的供电电压有 5V 和 3.3V，这里要注意的是，采用不同工艺的芯片对高电平与低电平的"理解"也可能不同。比如，在采用 5V 供电时，TTL 工艺会将超过 2.0V 的输入信号认作高电平，而 CMOS 工艺会把 2.5V 以上的电平认作高电平。图 1.1.3 给出了两种工艺采用的逻辑电平标准。

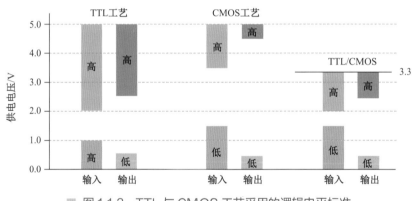

图 1.1.3　TTL 与 CMOS 工艺采用的逻辑电平标准

不论采用何种工艺，始终将高电平抽象为 1，低电平抽象为 0。这样一来，数字电路就可以被抽象为二进制系统。除了二进制，另一个数字电路与计算机系统中常见的数制为十六进制，表 1.1.1 给出了这两种数制与十进制之间的转换。

表 1.1.1　几种常用数制之间的转换

二进制数	十六进制数	十进制数
0	0	0
1	1	1
10	2	2
11	3	3
100	4	4
101	5	5
110	6	6

续表

二进制数	十六进制数	十进制数
111	7	7
1000	8	8
1001	9	9
1010	A	10
1011	B	11
1100	C	12
1101	D	13
1110	E	14
1111	F	15
10000	10	16
10001	11	17
10010	12	18

　　数制之间的换算方法在这里不做深究。从实用角度出发，可通过编程计算器或者打开 Windows 系统自带的计算器并设置成程序员模式（Programmer）进行换算，如图 1.1.4 所示。其中 HEX 代表十六进制，DEC 代表十进制，OCT 代表八进制（本书中不常用），BIN 代表二进制。本例中以十进制数 856 为基准，给出了其他数制对应的表达结果。

■ 图 1.1.4　使用 Windows 系统自带的计算器并设置成程序员模式进行换算

3. 数字信号与信息

　　任何信号都包含了特定的信息。在数字系统中，最小的信息单位是比特（bit），1 比特只能代表一个二进制数。比特也称位。对于数据而言，1 位数据可以包含两个二进制数的组合（0/1），2 位数据可包含 4 个二进制数的组合（00/01/10/11），3 位数据可以包含 8 个二进制数的组合（000/001/010/…/111）。以此类推，N 位数据就可以包含 2^N 个二进制数的组合。

对于庞大复杂的数字电路系统（如计算机），用位（bit）作为数据单位显然是不够的，所以在此基础上人们又定义了字节（Byte）。一字节含有 8bit，因此字节的位宽为 8，两者的关系如图 1.1.5 所示。

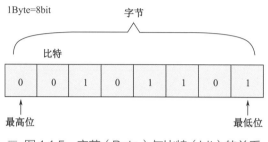

■ 图 1.1.5　字节（Byte）与比特（bit）的关系

二进制数的组合对应该数据所能包含的最大信息量，即数据容量。一字节的最大信息量为 2^8=256。除了字节，计算机系统还定义了 KB、MB、GB 等单位，用于描述更多的信息。表 1.1.2 列出了数字信息的单位转换。

表 1.1.2　数字信息的单位转换

用比特作为单位	用字节作为单位	常用单位名称
2^{10} bit	1024 B	KB（千字节）
2^{20} bit	$(1024)^2$ B = 1024 KB	MB（兆字节）
2^{30} bit	$(1024)^3$ B =1024 MB	GB（吉字节）
2^{40} bit	$(1024)^4$ B =1024 GB	TB（太字节）

比如在计算机操作系统中，我们都听说过 32 位操作系统、64 位操作系统等名词。以 32 位操作系统为例，其产生的最大有效信息容量为 $2^{32} \approx 4.3 \times 10^9$，其支持的最大内存容量约为 4GB。而 64 位的操作系统最多可以产生 $2^{64} \approx 1.8 \times 10^{19}$ 的数据容量。

4. 模块的概念

在数字电路中，任意一个具有特定属性的电路都可以被当成一个模块。如图 1.1.6 所示，将模块抽象成一个具有输入、输出和内部结构的系统。图中，输入端被放置在左侧，输出端被放置在右侧。

■ 图 1.1.6　数字电路模块的基本构成元素

如同乐高积木一样，电路中的模块也是可以进行组合的。一个数字电路系统既可以由一个模块组成，也可以是一个由成百上千个模块构成的庞大系统。然而，始终可以通过组合的方式将许多模块进行有效拼接，形成功能更多且结构更复杂的模块。不论模块如何组合，它都应当由输入、输出和内部结构组成。图 1.1.7 所示的模块就是由多个子模块构成的。

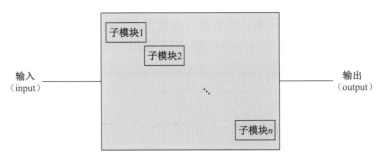

■ 图 1.1.7　模块的组合

模块的输入和输出端口可以是 1 位的，也可以是多位的。如图 1.1.8 所示，该模块的输入和输出均为多位，或称多路。如果输入端的位数为 m，输出端的位数为 n，那么在描述该模块时可以记作"$m\text{-}n$ 模块"。例如，"3-8 译码器"可以理解为一个具有译码功能的模块，它包含 3 路输入与 8 路输出信号。

■ 图 1.1.8　含有多位输入与输出的模块

因此，所有数字电路模块的基本定义都由以下 3 部分组成。
（1）模块的名称（描述该模块主要功能，比如加法器、乘法器、计数器等）；
（2）模块的输入（反映模块输入的位宽以及各路输入信号对应的名称）；
（3）模块的输出（反映模块输出的位宽以及各路输出信号对应的名称）。

5. 模块的真值表

在描述一个完整的模块时，除了基本定义，还需要描述该模块的函数或逻辑特性。通俗地说，就是当信号被送入模块输入端时，我们能准确地判断出该模块应当产生的对应输出信号。表格就是一个有效的办法。把所有输入以及对应的输出通过二进制数依次列出，这种表格称为真值表。比如，表 1.1.3 就通过真值表的方式对一个 2 输入 3 输出的模块进行了定义。

表 1.1.3　一个 2 输入 3 输出模块的真值表

输入		输出		
A	B	Y_2	Y_1	Y_0
0	0	0	1	0
0	1	0	0	1
1	0	1	1	0
1	1	0	1	1

真值表采用的是二进制数，因此模块的输入位宽就直接决定了真值表的大小。真值表主要适用于输入信号较少的模块。以 4 路输入模块为例，其真值表有 $2^4=16$ 行，因此这种方法比较高效且直观。而对于更高输入位宽的模块来说，写出全部的真值表并不现实，这种情况下更多采用模块化设计，在以后的内容中还会详细介绍。

6. 布尔代数式

布尔代数式（Boolean Algebra），也称逻辑表达式，是对真值表更进一步的化简。每一个输出信号都可以写成对应的逻辑表达式，而所有的逻辑表达式都可以通过最基本的三种运算方式表达：非运算、与运算、或运算。

$Y = \overline{A}$ 　　　　非运算，也可记作 $Y=A'$，代表输出与输入结果相反

$Y = (AB)$ 　　　　与运算，所有输入均为 1 时，输出为 1，否则为 0

$Y = A + B$ 　　　　或运算，任何一个输入为 1 时，输出结果都为 1

许多基础数字模块的逻辑行为都可以通过真值表描述，而每一张真值表都可以进一步写成对应的逻辑表达式。图 1.1.9 介绍了将一个 2 输入 1 输出模块的真值表转化成逻辑表达式的步骤。

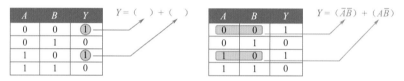

图 1.1.9　将真值表转化成逻辑表达式的步骤

首先，对所有输出结果为 1 的项进行或运算；然后，在对应的一行中，对所有的输入信号进行与运算。注意，如果对应的输入信号为 0，则需要对该信号进行非运算，即对该信号取反。因此，采用同样的方法，表 1.1.3 中的 2 输入 3 输出模块可以通过以下逻辑表达式描述：

$$Y_2 = A\overline{B}$$

$$Y_1 = \overline{A}\overline{B} + A\overline{B} + AB$$

$$Y_0 = \overline{A}B + AB$$

需要强调的是，上述表达式并非最简形式。比如，通过代数式简化和卡诺图的方法，上述表达式还可以进一步被化简为：

$$Y_2 = A\overline{B}$$

$$Y_1 = \overline{B} + AB$$

$$Y_0 = B$$

更简化的逻辑表达式可以使硬件结构更加简单，可以在一定程度上提升信号在模块内部的传输速率，且可以通过门电路的优化组合来降低硬件成本。下一部分将简单介绍利用卡诺图实现逻辑表达式的快速简化。

7. 卡诺图逻辑化简

卡诺图是美国工程师卡诺（M. Karnaugh）首先提出的一种利用图形方式迅速简化逻辑表达式的方法。常用的卡诺图包括二变量、三变量和四变量，如图 1.1.10 所示。不同输入变量采用不同的卡诺图。

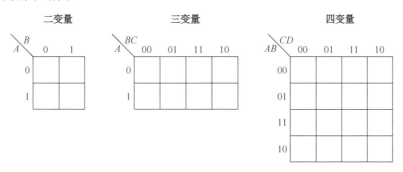

图 1.1.10 常用的三种卡诺图

下面通过实际案例讲解卡诺图的使用方法。比如，将下面的逻辑表达通过卡诺图的方式化简：

$$Y = A\overline{C} + \overline{A}C + AB\overline{C} + \overline{B}C$$

第一步：判断逻辑表达式所含的变量数。对于该表达式而言，其输入变量为 A、B、C，因此采用三变量卡诺图。

第二步：卡诺图表达。首先需要将每一个乘积项对应的 1 填入表内。以第一项 $A\overline{C}$ 为例，如图 1.1.11（a）所示。这里需要找到满足 A 为 1 且 C 为 0 的所有情况，因此左下格子标记为 1，以此类推。

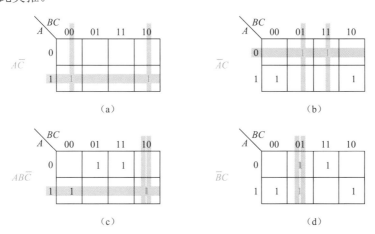

图 1.1.11 将逻辑表达式填入卡诺图的过程演示

将其余未覆盖的格子填 0，这样就可以用图表的方式将表达式化简。最终的卡诺图如图 1.1.12 所示。

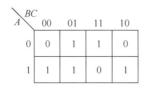

■ 图 1.1.12　最终的卡诺图

第三步：卡诺图化简。在化简时可以将所有包含 1 的最大相邻的格子作为一组进行消除，同时需要满足格子的数量为 2^n（2，4，8，16，…）的倍数。根据这个规则可以对卡诺图进行化简并得到最简表达式，如图 1.1.13 所示。

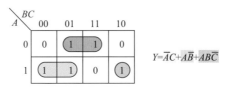

■ 图 1.1.13　得到最简表达式

值得注意的是，卡诺图的最终化简结果并非唯一的，比如按照同样的规则，还可以得到另一个化简结果（图 1.1.14）。两者均可作为最简表达式。

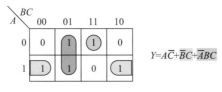

■ 图 1.1.14　另一个化简结果

1.2　门电路

逻辑门电路（Logic Gates Circuits）简称门电路，其输入与输出之间存在着特定的逻辑关系。门电路是数字电路中最基础的模块。理论上说，所有的数字电路系统都可以通过门电路的各种组合实现。这里将着重介绍几种常见的门电路：与门、或门、非门、与非门、或非门、异或门、同或门。

1. 与门（AND Gate）

与门是最常见的门电路模块之一，它的电路表达符号主要有两种，如图 1.2.1 所示。本书主要采用美标符号。最基本的与门模块包含 2 个输入和 1 个输出。

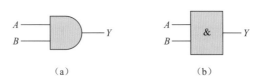

（a）　　　　　　　　　　　　（b）

■ 图 1.2.1　与门模块的美标与国际标准符号

与门的输入与输出关系可以通过真值表表示，见表 1.2.1，其中 A、B 为输入，Y 为输出。

$$Y = AB$$

表 1.2.1　与门的真值表

输入		输出
A	B	Y
0	0	0
0	1	0
1	0	0
1	1	1

在之后的内容里会遇到多路输入和输出的门电路，比如 3 输入与门、4 输入与门。值得注意的是，如果没有明确指出门电路的输出位数，则默认只有 1 路输出。

2. 或门（OR Gate）

或门是另一个极为常见的门电路，其符号如图 1.2.2 所示。最基础的或门电路有 2 个输入和 1 个输出。

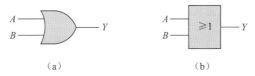

（a）　　　　　　　　　　　（b）

■ 图 1.2.2　或门模块的美标与国际标准符号

或门的输入与输出关系可以用真值表表示，见表 1.2.2，其中 A、B 为输入，Y 为输出。

$$Y = A + B$$

表 1.2.2　或门的真值表

输入		输出
A	B	Y
0	0	0
0	1	1
1	0	1
1	1	1

3. 非门（NOT Gate）

非门也称反相器（Inverter），它是所有基础门电路中唯一有 1 个输入和 1 个输出的模块。非门的符号如图 1.2.3 所示。为方便起见，非门在数字电路中常用一个圆圈表示，且可以与其他门电路结合。

■ 图1.2.3　非门模块的美标与国际标准符号

表1.2.3 是非门的真值表。

$$Y = \overline{A}$$

表1.2.3　非门的真值表

A	Y
0	1
1	0

4.　与非门（NAND Gate）

顾名思义，与非门的本质就是与门和非门的结合，它的符号如图1.2.4 所示。图中放置在输出端的小圆圈等同于一个非门。最基本的与非门含有 2 个输入和 1 个输出。与非门是数字电路中极为重要的逻辑门，由于逻辑功能的完备性，甚至可以仅用其组成电路，比如计算机中常用的闪存就是通过与非门实现的。

■ 图1.2.4　与非门模块的美标与国际标准符号

与非门的真值表可以参考表1.2.4。可以看出，其输出结果正好和与门相反。

$$Y = \overline{AB}$$

表1.2.4　与非门的真值表

输入		输出
A	B	Y
0	0	1
0	1	1
1	0	1
1	1	0

5.　或非门（NOR Gate）

或非门就是或门和非门结合所形成的门电路。它的符号如图1.2.5 所示。同样，最基本的或非门含有 2 个输入和 1 个输出。

■ 图1.2.5　或非门的美标与国际标准符号

或非门的真值表见表 1.2.5。

$$Y = \overline{A + B}$$

表 1.2.5 或非门的真值表

输入		输出
A	B	Y
0	0	1
0	1	0
1	0	0
1	1	0

6. 异或门（XOR Gate）

异或门常被应用于加、减、乘、除等运算，是计算机逻辑运算中的重要组成部分。异或门的符号如图 1.2.6 所示，将一条弧线放置在或门的输入端即构成一个异或门的符号。

■ 图 1.2.6 异或门的美标与国际标准符号

异或门的逻辑特点：当两个输入信号不同时，其输出为 1，否则输出为 0。其真值表见表 1.2.6。运算符号 ⊕ 是异或门特有的，之后的内容也会采用该符号来表示异或门的逻辑算法。

$$Y = A\overline{B} + \overline{A}B$$

$$Y = A \oplus B$$

表 1.2.6 异或门的真值表

输入		输出
A	B	Y
0	0	0
0	1	1
1	0	1
1	1	0

7. 同或门（XNOR Gate）

同或门（也称异或非门）的逻辑行为与异或门正好相反，即两个输入相同时输出为 1，否则输出为 0。同或门的符号如图 1.2.7 所示，实际上就是在异或门的输出端加上一个非门。

■ 图 1.2.7 同或门的美标与国际标准符号

同或门的真值表见表 1.2.7。运算符号 ⊙ 是同或门特有的，之后的内容也会采用该符号来表示同或门的逻辑算法。

$$Y = \overline{A \oplus B} = A \odot B = AB + \overline{A}\,\overline{B}$$

表 1.2.7　同或门的真值表

输入		输出
A	B	Y
0	0	1
0	1	0
1	0	0
1	1	1

1.3 组合逻辑电路

介绍了基础的门电路后，本节将运用门电路模块的各种组合构建具备特定逻辑功能的数字电路。此类电路通常可以实现更复杂的功能，比如运算、编码、译码和信号选择等。前面提到的模块通常被归为组合逻辑的大类，而另一大类是时序逻辑，两者最大的区别在于是否引入了时间变量。关于时序逻辑的内容将在 1.4 节中展开介绍。

1. 比较器（Comparator）

比较器是组合逻辑中一个简单的模块，它的功能就是判断两个二进制数的大小关系。对于两个二进制数 A 和 B 来说，A 与 B 的关系只可能是大于、小于或等于，因此两者比较时可以产生三种输出结果：

当 $A>B$ 时，Y_1　$(A>B)$ 为真

当 $A<B$ 时，Y_2　$(A<B)$ 为真

当 $A=B$ 时，Y_0　$(A=B)$ 为真

由此得到表 1.3.1 所列的真值表。

表 1.3.1　比较器的真值表

输入		输出		
A	B	Y_2　$(A<B)$	Y_1　$(A>B)$	Y_0　$(A=B)$
0	0	0	0	1
0	1	1	0	0
1	0	0	1	0
1	1	0	0	1

2. 加法器（Adder）

两个二进制数之间的算术运算，不论是加、减、乘、除，都可以通过若干步加法运算实现，因此加法器是所有算术电路中最基础的构成单元。加法器可分为 1 位加法器和多位

加法器，由于后者是 1 位加法器的应用延伸，因此首先介绍 1 位加法器的工作原理。

顾名思义，1 位加法器就是将两个 1 位的二进制数相加，而运算的过程可以分为 4 种情况，如图 1.3.1 所示。

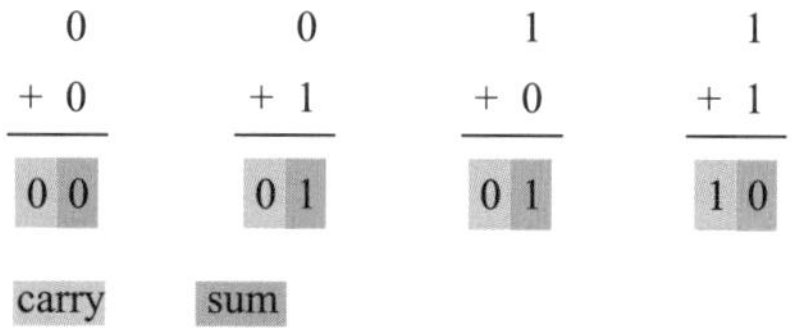

$$
\begin{array}{cccc}
0 & 0 & 1 & 1 \\
+\ 0 & +\ 1 & +\ 0 & +\ 1 \\
\hline
0\ 0 & 0\ 1 & 0\ 1 & 1\ 0
\end{array}
$$

carry　　sum

■ 图 1.3.1　两个 1 位二进制数进行加法运算时产生的 4 种情况

和十进制数加法一样，二进制数相加时除了相加和（sum），还有可能产生进位（carry），因此输出端需要包含 sum 和 carry 两个信号。表 1.3.2 为两个 1 位二进制数相加的真值表。

表 1.3.2　两个 1 位二进制数相加的真值表

输入		输出	
A	B	sum	carry
0	0	0	0
0	1	1	0
1	0	1	0
1	1	0	1

表 1.3.2 采用的是半加器的逻辑。在半加运算中，不考虑来自低位的进位，因此输入信号只有 A 和 B 这两个二进制数。根据真值表可以写出 sum 和 carry（CO）的逻辑表达式：

$$sum = A \oplus B$$

$$CO = AB$$

图 1.3.2 是 1 位半加器的模块框图与内部结构。它含有两个输入信号和两个输出信号。

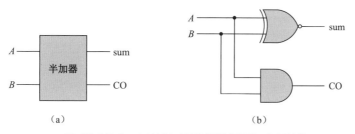

（a）　　　　　　　　　　　　　（b）

■ 图 1.3.2　1 位半加器的模块框图与内部结构

在将两个多位二进制数相加时，除了最低位，其余每一位都应该考虑来自低位的进位，即将两个对应位的加数与来自低位的进位 3 个数相加，如图 1.3.3 所示。这种运算称为全加，所用的电路称为全加器。

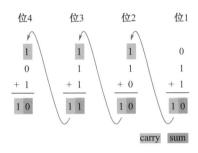

■ 图 1.3.3　进行二进制数加法运算时考虑来自低位的进位

按照二进制数加法运算规则，可以得到全加器真值表（表 1.3.3）。

表 1.3.3　全加器真值表

输入			输出	
CIN	A	B	sum	CO
0	0	0	0	0
0	0	1	1	0
0	1	0	1	0
0	1	1	0	1
1	0	0	1	0
1	0	1	0	1
1	1	0	0	1
1	1	1	1	1

根据全加器的真值表可以得出 sum 和 carry（CO）相应的逻辑表达式。这里省略了推导简化的过程，直接给出了最终的逻辑简化结果，其模块定义如图 1.3.4 所示。在 4.1 节的实验中会验证全加器的逻辑功能。

$$\text{sum} = A \oplus B \oplus \text{CIN}$$

$$\text{CO} = (A \oplus B)\text{CIN} + AB$$

■ 图 1.3.4　全加器的模块定义

3. 编码器（Encoder）

在数字电路中，编码器的主要作用是将多路输入信号通过逐一映射的方式，最终以少量输出信号表达。对于一个包含 2^N 种组合的信息片段来说，编码器可以仅通过 N 路输出信号将所有可能的输入情况一一映射，这在许多接口数量有限的应用场景中至关重要。

根据端口数量，编码器的命名通常会写成 $2^N\text{-}N$ 形式，例如 8-3 编码器、16-4 编码器等。除此之外，根据应用场景的不同，相同端口数量的编码器也可能采用不同的编码方式。以最简单的二进制编码器为例，其输入和输出映射关系可以通过表 1.3.4 体现。

表 1.3.4　二进制编码器的真值表

输入				输出	
I_3	I_2	I_1	I_0	Y_1	Y_0
0	0	0	1	0	0
0	0	1	0	0	1
0	1	0	0	1	0
1	0	0	0	1	1

在二进制编码器中，所有输入的组合中，只有 1 路输入是高电平，其余均是低电平。也就是说，如果出现了多位输入为高电平的情况，系统就会因为无法找到对应编译而报错。由于二进制编码器对于输入端的要求很高，导致系统复杂度和故障率提升。

在很多场景中（如单片机的中断指令）往往只需要检测输入端最高位的状态，因此可以采用优先编码器的设计方法，其真值表见表 1.3.5。

表 1.3.5　优先编码器的真值表

输入				输出	
I_3	I_2	I_1	I_0	Y_1	Y_0
0	0	0	1	0	0
0	0	1	X	0	1
0	1	X	X	1	0
1	X	X	X	1	1

根据表 1.3.5 设计了一个 4-2 优先编码器。此处省略了逻辑表达式的简化过程，而是将该编码器的硬件结构直接呈现在图 1.3.5 中。根据其内部连接可以看出，输出结果不受最低位输入的影响，且逻辑功能比二进制编码器更简洁。

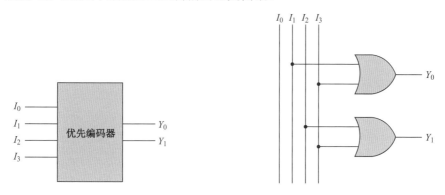

■ 图 1.3.5　4-2 优先编码器的硬件结构

4. 译码器（Decoder）

与编码器的工作原理正好相反，译码器可以将少量输入信号通过映射方式以多路输出表达。一个 N 路输入的译码器对应 2^N 路输出，有 2-4 译码器、3-8 译码器、4-16 译码器等。

最简单的 2-4 译码器包含 2 路输入，因此共有 4 种状态。每一种输入状态所对应的输出组合见表 1.3.6。其逻辑表达式为：

$$Y_0 = \overline{A_1}\,\overline{A_0}$$

$$Y_1 = \overline{A_1}A_0$$

$$Y_2 = A_1\overline{A_0}$$

$$Y_3 = A_1A_0$$

表 1.3.6　2-4 译码器的真值表

输入		输出			
A_1	A_0	Y_3	Y_2	Y_1	Y_0
0	0	0	0	0	1
0	1	0	0	1	0
1	0	0	1	0	0
1	1	1	0	0	0

根据上述逻辑表达式，图 1.3.6 给出了 2-4 译码器的硬件结构。

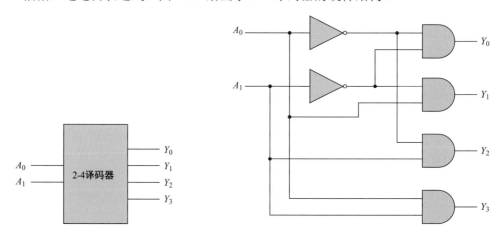

■ 图 1.3.6　2-4 译码器的硬件结构

5. 多路选择器（Multiplexer，MUX）

多路选择器是数字电路中常见的模块，它可以通过数据选择端对多路输入的信号进行针对性选择，使输出端只产生最终选择的一路信号。根据多路输入器的输入位数，可以用英文缩写对其命名，如 MUX2、MUX4、MUX8 等。除了输入信号，多路选择器还有一组数据选择端（也可以看成输入端的一部分），它可以决定哪一路输入信号最终可以被传送至输出端。

图 1.3.7 所示为 MUX2 的工作原理，其中 D_0、D_1 是输入端，Y 是输出端，S 是数据选择信号。当 S 为低电平时，模块的内部构造会自动将输出 Y 连接至 D_0，反之则是 D_1 与输出相连。在图中之所以采用虚线的方式将输入与输出相连，是因为两者并非直接通过金属导体相连，而是通过内部电路的转换使两者产生等效的电气连接。

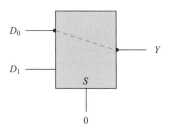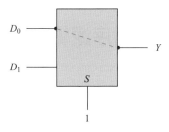

■ 图 1.3.7　MUX2 的工作原理

数据选择控制端口的位数是根据输入位数决定的，MUX4 需要 2 路数据选择信号，MUX8 需要 3 路数据选择信号，MUX16 则需要 4 路数据选择信号，以此类推。以 MUX4 为例，2 路数据选择信号可以产生 4 种状态，分别对应 4 个数据输出，见表 1.3.7。

表 1.3.7　MUX4 的真值表

输入			输出
X	S_0	S_1	Y
D_0	0	0	D_0
D_1	0	1	D_1
D_2	1	0	D_2
D_3	1	1	D_3

根据真值表，可以写出逻辑表达式：

$$Y = D_0\left(\overline{S_0}\,\overline{S_1}\right) + D_1\left(\overline{S_0}S_1\right) + D_2\left(S_0\overline{S_1}\right) + D_3\left(S_0S_1\right)$$

根据此前推导的逻辑表达式可以画出 MUX4 的硬件结构图，如图 1.3.8 所示。本质上，多路选择器的每一路输入信号都通过与门对其加上了使能信号，进而通过另一组信号（数据选择信号）来对输入数据信号进行控制。

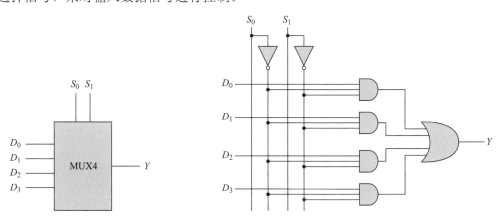

■ 图 1.3.8　MUX4 的硬件结构图

1.4 时序逻辑电路

在各种复杂的数字电路中，不但需要对二进制信号进行算术运算和逻辑运算，还需要将这些信号和运算结果保存下来。为此，需要使用有记忆功能的基本逻辑单元。将能够存储二进制信号的基本单元电路称为触发器。

此前介绍的电路均为组合逻辑电路，也就是说，电路任意时刻的输出只由当前的输入决定，而与电路此前的输入状态无关。在本节所介绍的时序逻辑电路中，电路的输出不仅与当前电路的输入有关，还与之前电路的输入状态有关，因而时序逻辑电路具有记忆功能，可用于信息的存储。

1. RS 锁存器（RS Latch）

锁存器采用的是电平触发，其输出状态的改变主要取决于触发信号是否达到有效电平，输入与输出信号在针对不同触发条件时产生的状态改变可以用状态表说明。表 1.4.1 是 RS 锁存器的状态表，其中 S 和 R 同时作为输入信号与触发信号，Q 代表当前的输出状态（也称初态），Q_{next} 代表触发后下一时刻的输出状态（也称次态）。

表 1.4.1　RS 锁存器的状态表

输入		输出初态	输出次态	状态
S	R	Q	Q_{next}	
0	0	0 →	0	锁存（Latch）
		1 →	1	
0	1	0 →	0	重置（Reset）
		1 →	0	
1	0	0 →	1	设置（Set）
		1 →	1	
1	1	0 →	?	不合理（Invalid）
		1 →	?	

上述的几种状态中，要避免不合理状态，原因是设置和重置在功能定义上是互相矛盾和排斥的，两者同时发生极有可能导致系统不稳定。除了不合理状态，其余三个状态都有各自的明确定义。

- 当 $S=1$，$R=0$ 时，不论 Q 的初态是 0 或 1，次态 Q_{next} 都等于 1；
- 当 $S=0$，$R=1$ 时，不论 Q 的初态是 0 或 1，次态 Q_{next} 都等于 0；
- 当 $S=0$，$R=0$ 时，不论 Q 的初态是 0 或 1，次态 Q_{next} 将保持与 Q 相等，也取 0 或 1。

在不合理状态时，输出次态永远等于初态，也就意味着模块保持当前状态不变，因此就具有存储功能。而当模块处于设置或重置状态时，输出次态都可能会因为当前的输入而发生改变，等同于更新模块当前存储的信息内容。

图 1.4.1 是 RS 锁存器的硬件结构图。这种将输出信号接回输入端的方式称为反馈。正是由于反馈这种连接方式，使输出信号的值可以再对输入端产生影响。电路中的 $\overline{Q}$ 只是 Q

的反向信号，是实际存在的物理连接，而次态 Q_{next} 是 Q 在另一时刻的状态，不要将两者混淆。

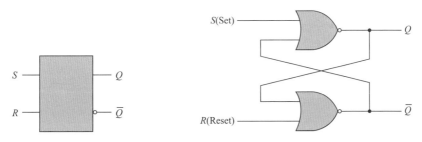

■ 图 1.4.1 RS 锁存器的硬件结构图

2. RS 触发器（RS Flipflop）

RS 锁存器和触发器在逻辑运算上几乎完全一致，唯一的区别在于：触发器带有一个时钟触发信号。当时钟信号达到触发条件后，输出次态才有可能发生改变；反之，若时钟信号不构成触发条件，则输出次态不会产生任何改变。通常采用时钟边沿信号作为触发条件。边沿信号可以分为上边沿触发（通常用 ↑ 表示）及下边沿触发（用 ↓ 表示）。综上所述，RS 触发器的状态表见表 1.4.2。很显然，这里采用的是上边沿触发。

表 1.4.2 采用上边沿触发的 RS 触发器状态表

输入			输出初态	输出次态	状态
CLK	S	R	Q	Q_{next}	
↑	0	0	0	0	锁存（Latch）
			1	1	
↑	0	1	0	0	重置（Reset）
			1	0	
↑	1	0	0	1	设置（Set）
			1	1	
↑	1	1	0	?	不合理（Invalid）
			1	?	

RS 触发器的硬件结构图如图 1.4.2 所示。可以看出，RS 触发器在 RS 锁存器的基础上，在输入端加上了与门，将时钟信号与输入信号使能。如果时钟信号 CLK 无效，相当于输入端均为低电平，因此输出端 Q 一直保持上一个状态。

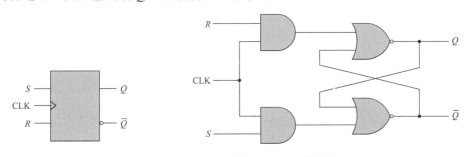

■ 图 1.4.2 RS 触发器的硬件结构图

3. D 触发器（D Flipflop）

与 RS 触发器一样，D 触发器也通过时钟边沿信号触发，其输出状态取决于时钟信号触发瞬间之前的 D 信号取值。D 触发器克服了 RS 触发器中由于 S、R 被同时置 1 导致的系统不稳定的缺点，因此它是最常被采用的触发器之一。表 1.4.3 是 D 触发器的状态表。

表 1.4.3　D 触发器的状态表

输入		输出初态	输出次态	状态
CLK	D	Q	Q_{next}	
↑	0	0	0	置 0
		1	0	
↑	1	0	1	置 1
		1	1	

与 RS 触发器相比，D 触发器的工作原理更为简洁。

- 产生触发后，如果 D 与初态 Q 相同，则次态 Q_{next} 保持不变；
- 产生触发后，如果 D 与初态 Q 不同，则次态 Q_{next} 等于 D。

即产生触发后，次态与初态的状态无关，次态等于 D。

图 1.4.3 是 D 触发器的硬件结构图。不难看出，D 触发器在 RS 触发器的基础上进行了改动，使 2 路输入信号以逻辑互补的方式合并成 1 路输入信号 D，因此避免了 R 和 S 同时取高电平的情况。因此，D 触发器只有两种状态：保持和写入。

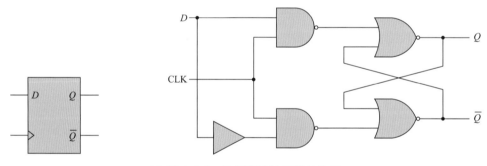

■ 图 1.4.3　D 触发器的硬件结构图

4. 寄存器（Register）

寄存器是一种常用的时序逻辑电路，主要用来暂时存储数据。寄存器通常由多个触发器组成，由于每个触发器能存储的数据位宽为 1 位，因此能存储 N 位位宽的寄存器则需要由 N 位触发器构成。

如图 1.4.4 所示，一个用电平触发的 D 触发器组成的 4 位寄存器，在 CLK 的高电平期间 Q 端的状态随 D 触发器输入端状态的改变而改变，在 CLK 变成低电平之后，Q 端会保持 CLK 变为低电平时刻 D 触发器输入端的状态。

在基本寄存器的基础上进行适当修改，比如将多个触发器的首尾进行级联，就可以实现数据在各存储单元之间的移动，因此该结构也称移位寄存器。图 1.4.5 所示是 4 位移位寄存器，输入端连至 D_{IN} 信号，而该数据会随着每次时钟触发向右依次移动。

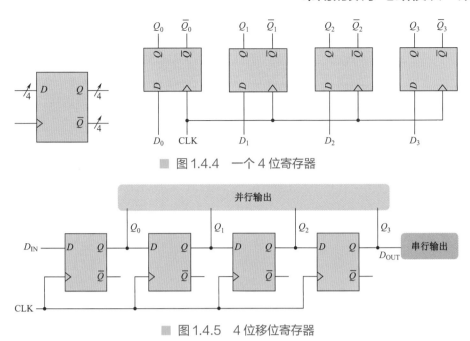

■ 图 1.4.4　一个 4 位寄存器

■ 图 1.4.5　4 位移位寄存器

　　根据输出端连接方式的不同，移位寄存器还可以分为串行和并行两种输出结构。并行输出可以在一个时钟周期内对所有输出信号完成一次性采集，而串行输出只能采集到最末端的数据，因此传输速率较小。不过对于多位宽的寄存器而言，采用并行输出结构会占用大量的输出引脚，且在传输高速信号时需要进行时序约束，因此在高速传输时更多采用串行输出结构。

5. 计数器（Counter）

　　移位寄存器的本质就是将多个触发器进行级联，而在此基础上稍做改动，将最末端的输出连至输入端，就构成了一个计数器。对于寄存器而言，当写入的数据超出其容量位数时，最末尾的数据会因为溢出而丢失；而计数器则会将末尾的输出重新传送至输入端，因此构成了一个循环。

　　既然计数器采用一个循环的结构，那么单次循环的长度以及完成一次循环所需的时间也是计数器的两个关键指标，分别称为计数器的模与周期。采用不同结构的计数器，其模与周期也会不同，这里以一个 4 位环形计数器和一个 4 位扭环形计数器为例。图 1.4.6 和图 1.4.7 分别为环形计数器和扭环形计数器的硬件结构。两者的结构差异并不大，但所产生的逻辑状态有很大区别。

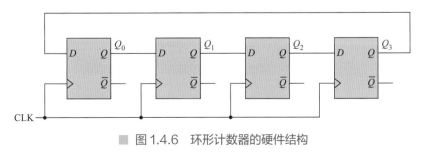

■ 图 1.4.6　环形计数器的硬件结构

数字电路基础与实践

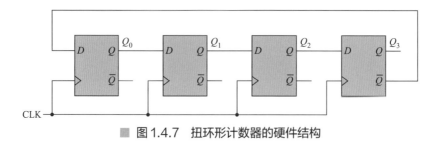

■ 图 1.4.7 扭环形计数器的硬件结构

通过画出状态图可以清晰地看出两种计数器的工作模式。图 1.4.8（a）是 4 位环形计数器的状态图，每个圆圈代表一个状态，而圆圈内的二进制数代表了当前状态的输出。比如，左上角的状态代表此刻 $Q_0Q_1Q_2Q_3 = 1000$。对照图 1.4.6 所示的硬件结构，当时钟触发至下一个状态后，最末端的数据 Q_3 会被传至 Q_0，因此新的状态变成了 $Q_0Q_1Q_2Q_3 = 0100$。以此类推，4 位环形计数器的模为 4，而计数周期为 $4T$，其中 T 是触发时钟信号的周期。

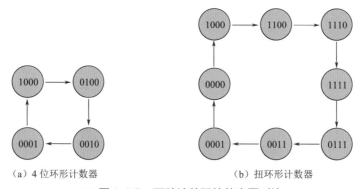

（a）4 位环形计数器   （b）扭环形计数器

■ 图 1.4.8 两种计数器的状态图对比

再来看图 1.4.8（b）所示的扭环形计数器状态图。由于该计数器是将反向输出信号接回至输入端的，因此模增至 8，而完成一次周期需要的时间为 $8T$。理论上说，4 位计数器最大模为 16，而 N 位计数器最大模为 2^N。在之后的实验中，还会使用其他类别的计数器。

观察图 1.4.8 中的两个状态图不难发现，电路满足周期性的最大模循环建立在初始状态为 1000 的情况下，而对于其他初始状态会失效。参考图 1.4.9，当环形计数器的初始状态为 0000、1111 或者 1010 时，计数器的状态或者不发生改变，或者无法达到最大模。一旦计数器脱离有效循环，电路将无法自动返回有效循环。

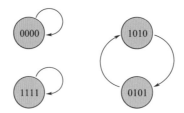

■ 图 1.4.9 其他初始状态下环形计数器的状态图

为了确保计数器可以正常工作，必须在启动之前将每个触发器设置成有效的循环初始值才能开始计数。考虑到使用的方便性，通常情况下需要为计数器加入自启动功能，即电路进入任何无效状态后，都可以在下一个时钟信号到来时再次返回有效循环。这就需要在电路中加入反馈的部分，如图 1.4.10 所示。

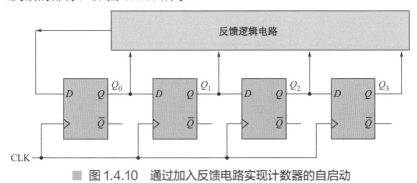

■ 图 1.4.10　通过加入反馈电路实现计数器的自启动

在第 4 章的 FPGA 实验练习中，将以环形计数器为例，通过板卡上的实际操作体验计数器的自启动功能。

*1.5　状态机 ▶▶

状态机是时序逻辑电路中的一个重要概念，也是硬件设计中常用的设计工具。本节将通过理论与实例结合的方式进行讲解，帮助读者掌握状态机设计的要领，并能独立完成基础的状态机设计任务。本节为选修内容。

1. 状态机与流程图

有限状态机简称状态机，英文名称为 Finite State Machine（FSM），是一种通过视觉方式来描述事物运行规则的数学模型，广义上等同于流程图。当对一连串相关事件或事物运行规则进行描述时，采用流程图的呈现方式通常比文字描述更加简洁。如图 1.5.1 所示为通过流程图来描述考驾照的过程。

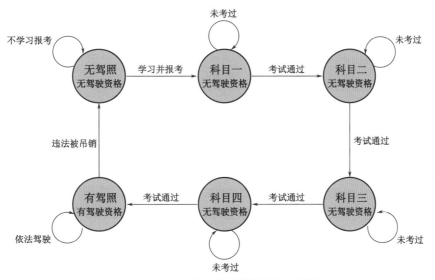

■ 图 1.5.1　通过流程图来描述考驾照的过程

将考驾照的过程划分为 6 种状态：无驾照、科目一、科目二、科目三、科目四和有驾照。状态之间的转换取决于相应的触发条件（箭头）。比如，在科目一状态中，如果未考过，则一直停留在此状态；如果考试通过，则可以进入科目二状态。由于科目一和科目三之间没有直接的连接关系，因此科目一在任何条件下都无法直接进入科目三状态。

2. 状态机的二进制化

如果将上述流程图以二进制的方法进行编译，就可以构建一个适用于数字电路的状态机，如图 1.5.2 所示。在对各个触发条件和输出信号命名时，应尽量采用意思与之相近的英文词汇，这样在之后阅读和调试代码时可以一目了然。

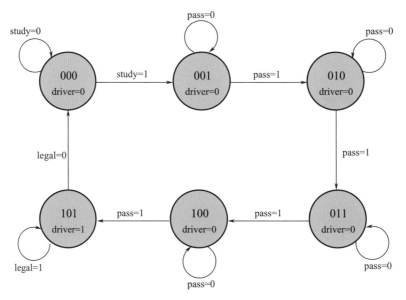

■ 图 1.5.2　将考驾照流程图二进制化

根据图 1.5.2，流程中可能出现的状态一共有 6 种，如果用二进制码代表以上所有状态，采用 3 位二进制数据可以包含 $2^3=8$ 种情况，因此可以满足状态定义的需求。将所有状态用二进制码一一对应，见表 1.5.1。

表 1.5.1　将 6 种状态转化成相应的二进制码

状态描述	二进制码
无驾照	000
科目一	001
科目二	010
科目三	011
科目四	100
有驾照	101

表 1.5.2 列出了状态间的触发跳转条件。根据状态机图，3 个输入信号 study、pass 和 legal 会引发状态的跳转和改变。各状态的输出见表 1.5.3。

表 1.5.2　状态间的触发跳转条件

当前状态	触发条件	跳转至状态
000	study = 1	001
001	pass = 1	010
010	pass = 1	011
011	pass = 1	100
100	pass = 1	101
101	legal = 1	000

表 1.5.3　各状态的输出

状态	输出
000	driver = 0
001	driver = 0
010	driver = 0
011	driver = 0
100	driver = 0
101	driver = 1

3. 状态机的设计思路

构建状态机的过程，实际上就是将整个事物的进程通过划分成若干个有规律的状态而对系统进行简化，因此对各状态的划分是非常重要的一个环节。

首先，当对某种事物进行状态机描述时，该事物必须可以被划分成有限数量的状态。其次，每一个状态都必须具有可触发性，也就是说，在达到某种触发条件后，该状态会相应做出反应（既可以转至其他状态，也可以再返回本状态），而在未达到触发条件时不做出任何反应。最后，状态机还须确保任意时刻发生的事件有且只有一个状态与之相对应。

根据上述条件，可以尝试对表 1.5.4 中的事件或场景设计相应的状态机（可根据一般常识自行定义具体参数），如不满足状态机的设计条件可在右侧标注并说明理由。

表 1.5.4　尝试用状态机描述事件或场景

事件描述	状态机设计绘图区域
交通信号灯指挥道路交通的过程	

续表

事件描述	状态机设计绘图区域
一款有 4 种饮料的自动售货机的运行机制	
一天中太阳高度的变化	
一部三层电梯的运行情况	

◎ *1.6 模数转换器与数模转换器 ▶▶▶

　　随着电子设计的复杂度和功能需求不断增加，单纯的模拟电路或者数字电路通常无法实现全部功能。许多电路系统都会同时包含模拟部分与数字部分，而实现两者之间的相互转化与交互则至关重要。模数转换器（Analog to Digital Converter，ADC，A/D 转换器），顾名思义，可以将模拟信号转化成数字信号。当信号变为由 0 和 1 组成的数字信号后，就可以通过数字逻辑电路实现所需的逻辑功能。本书之后的内容主要围绕 FPGA 与 74 逻辑电路展开。混合系统电路如图 1.6.1 所示。

　　当数字逻辑电路完成复杂的逻辑运算后，生成的数据仍然是抽象的数字信号，而如果需要将其转化成声、光、力等模拟信号，则需要借助数模转换器（Digital to Analog Converter，DAC，D/A 转换器），转化成最终的模拟信号用于输出。接下来的内容将分别介绍这两种电路的工作原理与应用场景。本节为选修内容。

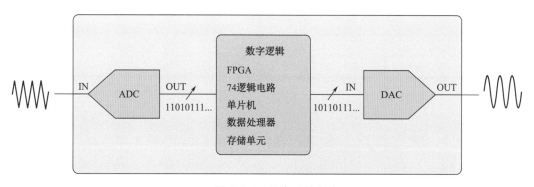

■ 图1.6.1　混合系统电路

1. 模数转换器

我们所处的大自然本质上是一个模拟的世界，而对于电子系统来说，对大自然中声、光、力、电磁场等物理量的感知则是通过传感器实现的。大部分传感器利用材料的物理属性将所感知的物理量，如声音、光强、压力等参数准确地转化成对应的模拟信号。例如，图1.6.2表示一个压力传感器，由于有些材料（如石英、陶瓷等）具有压电效应，因此在受到不同作用力时可以产生对应的模拟电压信号。

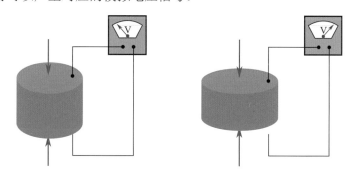

■ 图1.6.2　压力传感器

学习ADC的工作原理首先要了解采样的概念。将一个时域连续的模拟信号转化成时域离散的数字信号的过程称为采样，其本质就是通过有限数量的点对连续的曲线进行还原的过程。在采样过程中，采样点以及采样位数将决定最终结果的准确度。图1.6.3中，通过2位采样位宽对一个模拟信号进行采样。

采样位宽为2位意味着可通过4组二进制数（00、01、10、11）来表达当前的模拟信号，因此图中橙色信号只会在这4个区间内取值，分辨率为$2^2=4$。由于分辨率较低，采样后信号也存在较大的误差。相比而言，图1.6.4中的3位（分辨率为$2^3=8$）与4位（$2^4=16$）采样位宽随着分辨率的增加，其误差明显降低。

分辨率决定了最终采样的精度，它是ADC的一个重要指标。应用中常见的ADC分辨率包括8位、10位及12位。分辨率越高的ADC有更高的采样精度和更小的误差。

除此之外，采样率也是ADC的一个重要指标。采样率代表单位时间内可用于完成一轮采样的点数。比如，图1.6.5中减少了单位时间内的采样点，在这种情况下即便拥有足够的分辨率也会造成较大误差，且在信号较为陡峭的地方误差更加明显。

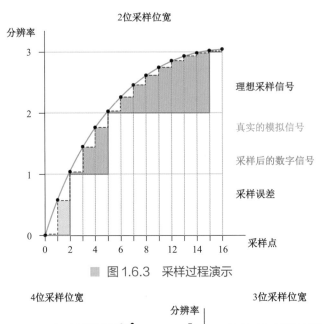

图 1.6.3　采样过程演示

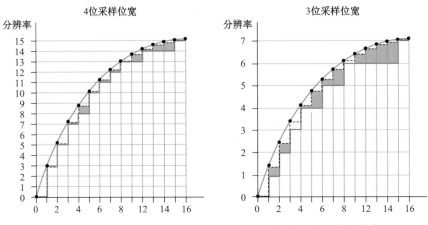

图 1.6.4　不同位宽导致的分辨率直接决定采样后的信号精度

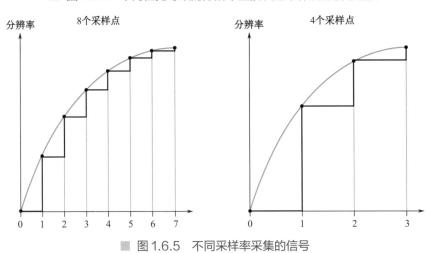

图 1.6.5　不同采样率采集的信号

下一部分的内容则会详细讲解分辨率和采样率等参数对于 ADC 选型的实际工程意义。

2. ADC 的参数

ADC 的功能就是对模拟信号采样，因此分辨率和采样率是衡量其性能的两个关键指标。除此之外，信噪比、转换时间、采样线性度、采样误差等也是需要考虑的指标，不过这些内容不在本书当前的讨论范围内。

前文提到，常用的 ADC 采样位数有 8 位、10 位和 12 位，当然，要求精度更高的应用也会采用更高的采样位数。以一个 10 位 ADC 为例，如果使用该 ADC 对一个幅值为 0~5V 的模拟信号采样，则有：

$$采样精度 = \frac{5V}{2^{10}} = \frac{5V}{1024} \approx 5mV$$

其中，采样位数为 10，则有 $2^{10} = 1024$。在本例中，该 ADC 理论上能分辨的最小模拟信号精度为 5mV。由此可见，采样位数直接决定了最终的采样精度。

另一个重要指标是采样率，也就是单位时间内可用于完成一轮采样的点数，在 ADC 中常用的单位是 MSPS（Mega Samples Per Second），比如采样率为 1MSPS 代表每秒的采样点数为 1 000 000 个，即 1 兆。选用 ADC 采样率时需要关注被采样模拟信号的频率。比如，用 1MSPS 对一个 60Hz 的信号采样绰绰有余，但如果被采集的模拟信号最高频率可达 5MHz，则必须采用更高采样率的 ADC。

选用合适的 ADC 采样率也是确保转化后的数字信号尽可能反映真实模拟信号的必要条件。在工程设计中往往还要考虑模拟信号的基准频率、奈奎斯特频率、傅里叶级数等，这些不在本书的讨论范围之内。仅从实用角度来说，ADC 的采样率应当高于模拟信号基准频率，不同类型的信号可以参考表 1.6.1。

表 1.6.1 采集不同类型信号对 ADC 采样率的要求

模拟信号波形	基频倍数	ADC 采样率要求
正弦波	2 倍	2MSPS
三角波	5 倍	5MSPS
方波	5 倍	5MSPS

3. ADC 芯片

ADC0809 是一种 CMOS 芯片，其采样位数为 8 位，采用单 5V 供电，因此输入模拟电压范围是 0~5V。该芯片的输入信号为 8 路模拟通道，但同时只能将其中 1 路转化成数字信号，由地址信号控制选择。该芯片的引脚图如图 1.6.6 所示。

图 1.6.7 给出了 ADC0809 的内部模块框图。输入端的 8 个模拟通道允许 8 路模拟量分时输入，并共用一个 ADC 进行转换，采用了一种经济的多路数据采集方法。地址锁存与译码电路通过 3 路控制信号对 A、B、C 共 3 个地址位进行锁存和译码，其译码输出用于通道选择，而转换结果通过三态输出锁存器存放/输出。

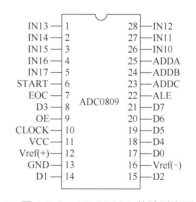

■ 图 1.6.6 ADC0809 芯片引脚图

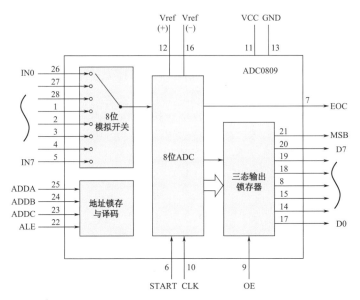

■ 图1.6.7 ADC0809 的内部模块框图

该芯片完成一次采样的过程如下：首先输入 3 位地址，并在 ALE = 1 时将该地址信息存入地址锁存器中。此地址经译码选通 8 路模拟输入之一到比较器。START 上升沿将逐次逼近寄存器复位。下降沿启动 A/D 转换，之后 EOC 输出信号变低，指示转换正在进行。直到 A/D 转换完成，EOC 变为高电平，指示 A/D 转换结束，结果数据被存入锁存器，这个信号可用于中断申请。当 OE 输入高电平时，输出三态门打开，将转换结果的数字量输出到数据总线上。该功能需要与单片机或 FPGA 等数字逻辑电路配合时序。图 1.6.8 是一个ADC0809 应用电路。

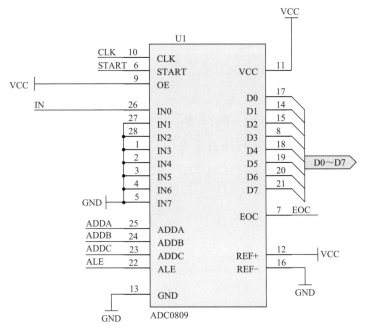

■ 图1.6.8 ADC0809 应用电路

4. 数模转换器

数模转换器可将数字信号转换成模拟信号，DAC 的功能正好相反。通常将数字信号转化成模拟信号的过程称为恢复或信号还原。显然，位数越多的 DAC 还原精度越高，图 1.6.9 对比了 4 位 DAC 和 8 位 DAC 还原模拟信号的真实度。

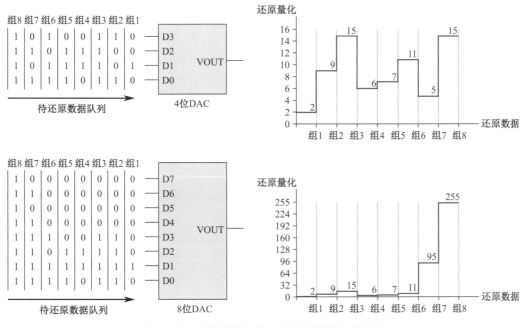

图 1.6.9　不同位数的 DAC 还原模拟信号的真实度

对于 4 位 DAC 来说，其还原能力仅为 0000～1111 的数据，超出该范围的数据则取其低 4 位或高 4 位。图 1.6.9 中在对组 7 和组 8 还原时，8 位 DAC 可以较为准确地还原出模拟信号，而 4 位 DAC 只截取了高 4 位，造成了还原时的信号失真。

与 ADC 类似，在 DAC 选型时也有两个重要的指标：位数和还原速度。位数直接决定了 DAC 的信号还原分辨率，位数越高，还原出的信号越接近一个完美平滑的模拟波形。对于 N 位 DAC 来说，其分辨率为 $1/(2^N)$。表 1.6.2 给出了不同位数的 DAC 的分辨率。常见的 DAC 有 8 位、10 位和 12 位的。

表 1.6.2　不同位数的 DAC 的分辨率

DAC 位数	分辨率	分辨电压（5V 供电）
4	1/16	312.5mV
8	1/256	19.5mV
10	1/1024	4.88mV
12	1/4096	1.22mV

除了位数，还原速度（或称转换率）也是 DAC 选型时的一个重要参数，更高的转换率可以生成更高频率的模拟信号。图 1.6.10 对比了两个 4 位 DAC 在不同转换率下所还原出的模拟信号。

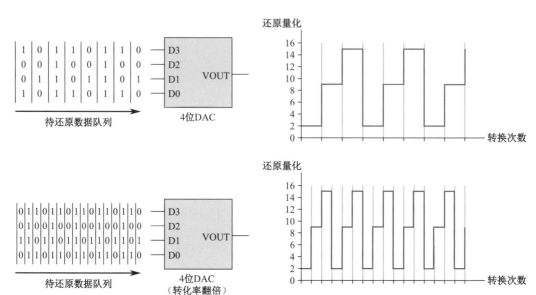

■ 图1.6.10　不同转换率的 DAC 所还原出的模拟信号对比

不难看出，当转换率增加时，可以还原出的模拟信号频率也会增加。DAC 的转换率的常用单位是 MSPS，即每秒可转换的数据。比如，一个 10 位、转换率为 10MSPS 的 DAC 每秒可以将 10bit 数据转换 10 兆次。

5. DAC 芯片

这里以 8 位的 DAC0832 为例，如图 1.6.11 所示。

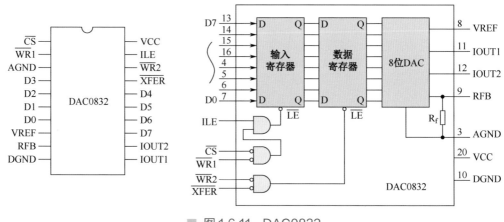

■ 图1.6.11　DAC0832

芯片内带有数据寄存器，可与数据总线直接相连。电路有极好的温度跟随性，使用 COMS 电流开关控制逻辑，从而获得低功耗和小的泄漏电流误差。芯片采用 R-2R 型电阻网络，对参考电流进行分流完成 D/A 转换。转换结果以一组差动电流输出。若需要相应的模拟电压信号，可通过一个高输入阻抗的运算放大器（简称运放）实现，如图 1.6.12 所示。

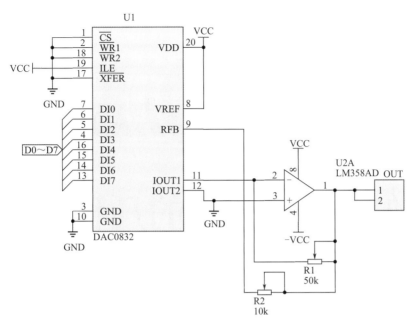

■ 图1.6.12　通过运算放大器将差动电流转化成电压

　　运放的反馈电阻可通过 RFB 端引用片内固有电阻，也可以外接电阻实现。DAC0832 有如下 3 种工作方式。

　　（1）单缓冲方式。单缓冲方式是指控制输入寄存器和数据寄存器同时接收数据，或者只使用输入寄存器，而把数据寄存器接成直通方式。此方式适用于只有一路模拟量输出或几路模拟量异步输出的情形。

　　（2）双缓冲方式。双缓冲方式是指先使输入寄存器接收数据，再将输入寄存器的输出数据传输到数据寄存器，即分两次锁存输入数据。此方式适用于多个 D/A 转换同步输出的情况。

　　（3）直通方式。直通方式是指数据不经两级锁存器锁存，即 CS、XFER、WR1、WR2 均接地，ILE 接高电平。此方式适用于连续反馈控制线路和不带微机的控制系统，不过在使用时，必须通过另加 I/O 接口与 CPU 连接，以匹配 CPU 与 D/A 转换。

第2章

数字电路实验的几种工具

◎ 2.1 电路仿真工具

电路仿真是通过计算机对电路的数学模型进行模拟计算，不需要搭建实际的电路，因此在整个电路设计与开发环节往往扮演着先行者的角色。仿真可以帮助设计者以快速且低成本的方式对某个设计或想法进行评估。不过，由于仿真无法将众多实际物理参数都纳入考量，因此仿真与实际结果往往存在一些偏差。

市面上有许多功能不错的仿真软件，将 CircuitJS 作为本书介绍的工具，主要基于该软件的三个优点：

（1）可通过浏览器直接登录使用，无须安装，且支持跨平台操作；

（2）该软件配有大量标准经典电路模块，适合初学者快速上手；

（3）该软件为开源免费软件，便于学校展开普及化教学。

在有互联网的条件下，使用 CircuitJS 的方法非常简单。可通过任意浏览器访问电子森林网站，在主页直接单击"电路仿真"即可使用，如图 2.1.1 所示。该软件也支持本地使用，且安装包支持 Windows、Mac 和 Linux 等主流操作系统。其安装包可在本书配套的教学资源中获取。

1. 基础功能

如图 2.1.2 所示，CircuitJS 的界面由功能菜单区、电路绘制区、波形显示区和仿真参数区组成。该仿真软件有大量适合初学者的功能和辅助工具，这里主要介绍查找例程、绘制电路和分析波形等基本功能。

初次使用该软件时，可以借助其配有的大量现成案例快速熟悉该软件的仿真效果。如图 2.1.3 所示，在功能菜单区中单击"电路"就可以查看系统内预存的数百种经典电路模型，包括模拟电路、数字电路及混合电路。单击"空白的电路"可以直接创建一个新的电路。

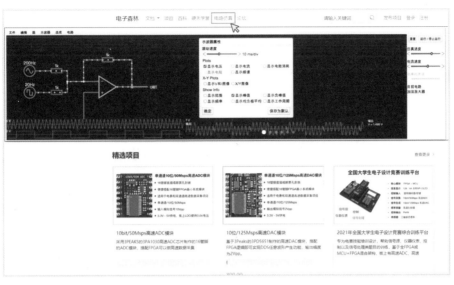

图 2.1.1　在电子森林网站中找到 CircuitJS 电路仿真软件

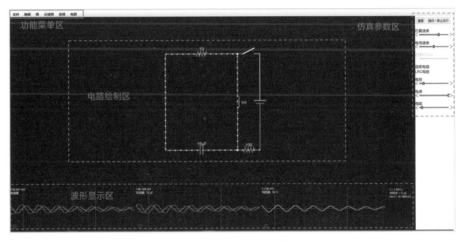

图 2.1.2　CircuitJS 的界面

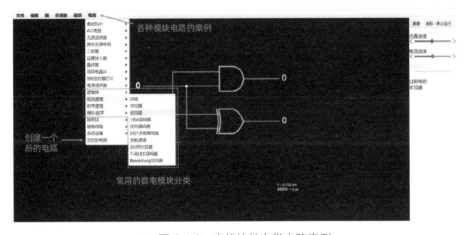

图 2.1.3　查找软件自带电路案例

如要在已有的例程或空白的文档中绘制电路，可以直接在电路绘制区右击，如图 2.1.4 所示。注意，在绘制电路时，如果节点为红色则代表连接有误。

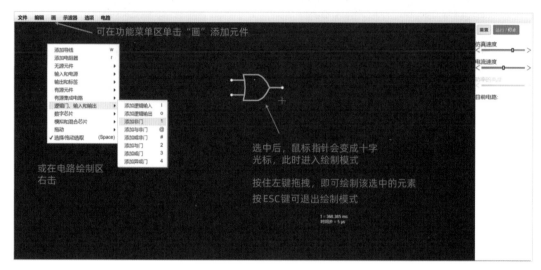

■ 图 2.1.4　绘制电路

按照上述步骤，读者可以自行尝试绘制各种常用的电路元件，并熟悉对应的符号和功能。在此基础上，表 2.1.1 列出了绘制数字电路时的常用快捷键，有助于提升学习及工作效率。在功能菜单区的"选项"中，还支持用户自定义快捷键。

表 2.1.1　绘制数字电路时的常用快捷键

绘制元素	快捷键
导线	w
电阻	r
逻辑输入端口	i
逻辑输出端口	o
非门	1
与门	2
或门	3
异或门	4
与非门	@
或非门	#

波形显示区位于界面的底部，用来显示电路中各节点的电压与各路径的电流。波形刷新的速率可通过右侧的仿真速度调节工具改变，如图 2.1.5 所示。除了基本的电压与电流信息，在波形显示区右击还可以设置更多的属性，如频率、功率、峰值、均方根等，便于进一步的分析。

2. 操作示例

下面通过 CircuitJS 仿真软件来验证一个自定义功能电路。图 2.1.6（a）给出了一个由多种门电路组合而成的电路。在仿真软件中，所有和门电路相关的基础模块都可以在"逻辑门、输入和输出"菜单中找到，如图2.1.6（b）所示。

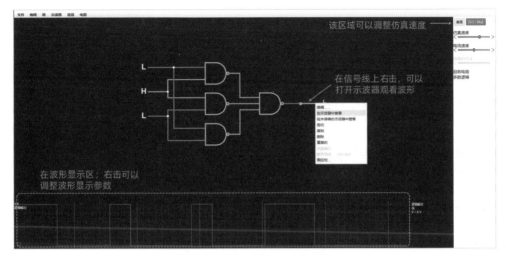

■ 图 2.1.5　波形显示区的参数调节

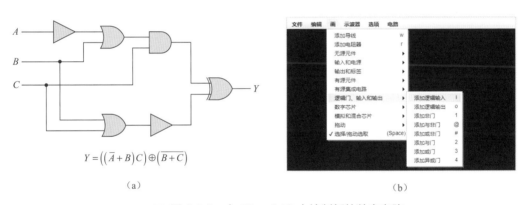

$$Y = \left(\left(\overline{A} + B \right) C \right) \oplus \left(\overline{B + C} \right)$$

（a）

（b）

■ 图 2.1.6　在 CircuitJS 中绘制新的数字电路

　　在绘制电路节点时要格外留意，如果直接将一根导线的端点接至另一根导线的非端点位置，该节点会呈红色，代表连接有误，因此在处理节点连接时要采用多条短线首尾相连的方法。图 2.1.7 是绘制完成的电路，图中所有的线路节点均为白色，代表连接正常。

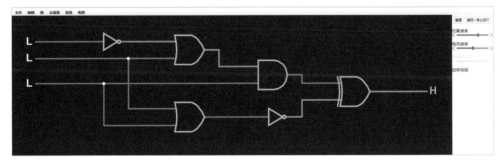

■ 图 2.1.7　绘制完成的电路

数字电路基础与实践

单击逻辑输入端口可以切换高、低电平信号。图 2.1.8 中，将两组输入信号（101、111）接入搭建好的门电路模块，其输出结果的正确性还可以通过真值表与逻辑表达式验证。

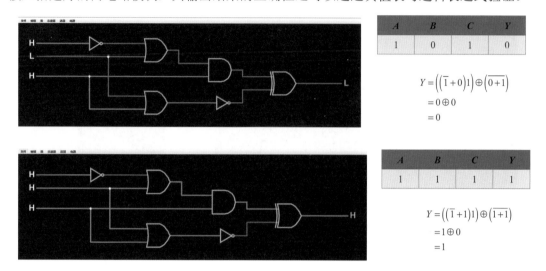

A	B	C	Y
1	0	1	0

$$Y=\left(\left(\overline{1}+0\right)1\right)\oplus\left(\overline{0+1}\right)$$
$$=0\oplus 0$$
$$=0$$

A	B	C	Y
1	1	1	1

$$Y=\left(\left(\overline{1}+1\right)1\right)\oplus\left(\overline{1+1}\right)$$
$$=1\oplus 0$$
$$=1$$

▓ 图 2.1.8 调节输入信号来验证输出结果

◎2.2 数字逻辑芯片 ▶▶▶

本书采用两种数字逻辑芯片作为实验的主要工具：以 74 系列为代表的特定逻辑芯片和以 FPGA 为代表的可编程逻辑芯片。74 系列芯片几乎涵盖了所有常用的数字电路模块，它为每一种模块都提供了独立的实体芯片，有助于在实验过程中直观地体会各模块间的交互关系。然而，科技的迅速发展使得 74 系列芯片无法满足大型、复杂的硬件设计，因此 74 系列芯片在硬件设计领域逐渐淡出。

FPGA 的功能是可以通过编程改变的，因此几乎可以胜任所有复杂的硬件设计，也是今后硬件发展的主流之一。通过代码实现硬件设计的方式相较于 74 系列芯片而言更加抽象。因此，将两种设计风格在本书中以实验和项目的方式反复穿插，希望帮助读者构建一个较为立体的知识体系。本节主要介绍两种芯片的背景知识，而相关操作的内容会在 2.3 节和 2.4 节中介绍。

1. 芯片的发展

芯片也称集成电路（Integrated Circuit，IC），是人类科技的重要发明之一。20 世纪中期以前，电子系统的制成主要依靠真空管（Vacuum Tube）。真空管可以在电路中控制电子的流动，但是参与工作的电极必须被封装在真空的玻璃容器内。随着 20 世纪中期晶体管（Transistor）的发明，其低成本、耐用性好、体积小、高效能的优势使得真空管技术被迅速取代。图 2.2.1 所示是真空管与晶体管。

（a） （b）

■ 图 2.2.1　真空管与晶体管

得益于半导体物理和制成工艺的迅速发展，晶体管的体积不断减小，这为晶体管电路的高度集成化提供了可能。晶体管的尺寸从最初的毫米级逐渐缩小至微米级，直至当今的纳米级。人类已经可以将数以亿计的晶体管集成在一个只有指甲盖大小的半导体晶片上。历经数十年的经验累积，集成电路从设计到最终成品要经过严格和标准化的设计、验证、加工及封装环节，在此基础上设计的电子产品在功能、可靠性和成本方面都得到了进一步优化。

2. 74 系列芯片

按照处理的信号类别不同，可以将芯片大致划分为模拟芯片、数字芯片及混合信号芯片。模拟芯片可以直接处理连续的模拟信号，比如放大器、电源管理芯片、射频芯片等都属于模拟芯片。而数字芯片只处理由 0 和 1 组成的非连续二进制信号，本书所使用的 74 系列芯片和 FPGA 都属于数字芯片。而混合信号芯片需要同时对模拟信号与数字信号进行处理，因此，1.6 节所讲的 ADC/DAC 属于混合信号芯片。

74 系列芯片是历史上使用最广泛的一种逻辑芯片，它最初由德州仪器公司制造，在 20 世纪 60 年代和 70 年代被用于小型架构计算机的主板搭建。74 系列芯片技术成熟且种类非常齐全，不论是简易的门电路还是复杂的运算或存储芯片，都可以找到对应的芯片型号。

由于芯片种类繁多，且有着不同的工艺，因此行业中约定俗成了一些通用的命名方式，以便对 74 系列芯片的种类进行快速划分。根据图 2.2.2 中的命名规则可以快速判断该芯片的制成工艺。以 74HC08 为例，其中 08 是与门的功能代号，而 HC 代表内部采用高速 CMOS 制成。

除此之外，许多半导体厂商也会在其生产的 74 系列芯片之前加上厂商代码。较为常见的两个代码为 SN（德州仪器）和 CD（前 RCA 半导体）。在查询芯片的技术参数时，不同厂商生产的芯片在一些技术细节上有可能不同，因此要确保参考的技术手册是由原厂商发布的。在 2.3 节中，会分别介绍查询技术手册的方法，以及在面包板上搭建数字电路的操作步骤。

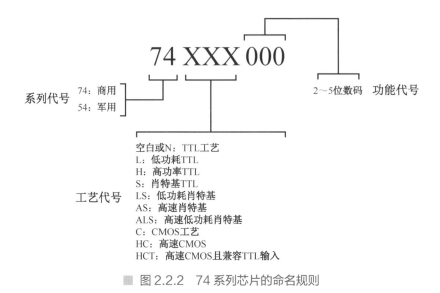

图 2.2.2 74 系列芯片的命名规则

3. 现场可编程逻辑门阵列

现场可编程逻辑门阵列是 FPGA 的全称 Field Programmable Gate Array 的直译，也是常见的叫法。FPGA 属于一种较为特殊的逻辑芯片，它最大的特点就是可以实现对硬件系统的反复自定义，也就是说，它的内部电路结构是可以根据需要而改变的。

如果用乐高玩具进行类比，FPGA 就如同乐高的拼接模块，用户可以通过各种组合，搭建出建筑、桥梁或卡通人物等具有不同属性的成品。除此之外，由于可被反复拆卸和重组，这使得 FPGA 在定义产品或搭建特定功能的场景时备受青睐。比如，同一颗 FPGA 芯片既可以实现一个简单的门电路，也可以实现复杂的数字电路系统。因此，相比于每一颗固定功能的 74 系列芯片，FPGA 具有更大的灵活性及扩展多样性。图 2.2.3 将乐高模块与 FPGA 的内部结构进行了类比。

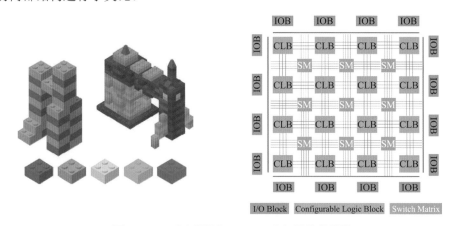

图 2.2.3 乐高模块与 FPGA 内部结构的类比

FPGA 主要由三部分组成：可编程逻辑单元（CLB）、开关矩阵（SM）和 I/O 模块（IOB）。其中，可编程逻辑单元就是一个可以通过其内部存储的查找表（LUT）来实现任意逻辑功能的模块。当电路的功能被定义后，开关矩阵可以自行控制各个可编程逻辑单元之间的连接方式，进而实现指定的逻辑功能。最终，FPGA 与外界电路的交互可以通过 I/O 模块实现。这部分内容仅作为相关知识的拓展，并不影响之后的实验环节。

全球著名的 FPGA 厂商有赛灵思（Xlinix）、阿尔特拉（Altera）和莱迪斯（Lattice）等。市面上任何一款产品级的 FPGA 芯片都完全满足数字电路的实验需求。本书所选用的芯片型号为 XO2-4000，其中后缀 4000 代表其内部含有的 LUT 至少为 4000 个。图 2.2.4 是小脚丫系列中基于 XO2-4000 芯片设计的 FPGA 开发板。

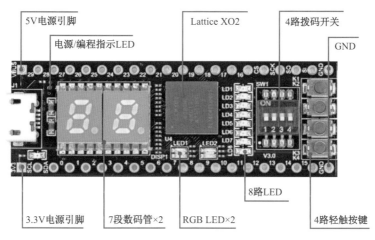

■ 图 2.2.4　小脚丫系列中基于 XO2-4000 芯片设计的 FPGA 开发板

由于 FPGA 本身是一种高密度的复杂芯片，且需要进行一系列硬件配置才能正常使用。对于初学者来说，借助开发板学习 FPGA 是一种高效的途径。开发板会将所需的硬件配置（如供电、通信、外设接口等）提前实现，在小脚丫 FPGA 开发板上集成了按键、拨码开关、LED、数码管等互动式外接设备，可直接进行板上操作。对于更复杂的情况，还可以通过36 个通用型 I/O（GPIO）进行项目扩展。电路板的引脚也设计成标准的 DIP40 直插封装，因此还可以配合面包板使用。

4. 硬件描述语言

既然 FPGA 的内部构造可以被反复自定义，那么就需要一套严谨、精准的方式来对其内部进行定义和描述，于是，硬件描述语言（Hardware Description Language，HDL）应运而生。当前主流的硬件描述语言有 Verilog 和 VHDL，分别于 1984 年和 1987 年在美国首次发行，在历经数次整改和完善后一直沿用至今。两者虽然在设计思路和代码风格上有不小的区别，但是都可以用来实现数字电路的构建和描述，且完全兼容绝大部分的 FPGA。

图 2.2.5 展示了两种语言的代码风格。VHDL 相对而言更有层次感且严谨，Verilog 则突出简洁性且易上手，因此都有各自的优点。本书采用的是 Verilog。

许多初学者常常会把 HDL 当成编程语言，如 C/C++、Python 等。尽管 HDL 与编程语言有着类似的代码风格和语法，但两者有着本质的区别。编程语言本质上就是一条条指令，它们会按照先后的顺序被依次送入电路的处理器中，并执行相应的命令。换言之，编程语言是在告诉这个电路"应当做什么以及怎么做"。而 HDL 实际上是对电路结构的一种描述，只不过以代码的形式呈现，所以 HDL 描述的是各个数字模块之间的连接关系。HDL 表达的是这个电路"在结构上是怎样被实现的"。

VHDL

```
1  -----------------描述2输入与门模块 AND2-----------------
2  library IEEE;
3  use IEEE.STD_LOGIC_1164.ALL;
4
5  -----------------定义该模块的输入和输出端口信号-----------------
6  entity AND2 is
7      Port ( A : in  STD_LOGIC;        -- 与门输入端信号
8             B : in  STD_LOGIC;        -- 与门输入端信号
9             Y : out STD_LOGIC;        -- 与门输出端信号
10  end AND2;
11
12  -----------------行为级描述法定义该模块功能
13  architecture behavioral of AND2 is
14  begin
15      process(A, B)
16      begin
17          if A ='1' and B ='1' then
18              Y <= '0';
19          else
20              Y <= '1';
21          end if;
22      end process;
23  end behavioral;
```

Verilog

```
1  //-----------------描述2输入与门模块 AND2-----------------
2  module AND2 (A, B, Y);
3      input A;                          // 与门输入端信号
4      input B;                          // 与门输入端信号
5      output Y;                         // 与门输出端信号
6
7      //-----------------行为级描述法定义模块功能
8      always @ (A or B) begin
9          if (A == 1'b1 & B == 1'b1)
10          begin
11              Y = 1'b1;
12          end
13          else
14              Y = 1'b0;
15      end
16  endmodule
```

■ 图 2.2.5　两种语言代码风格对比

5. 逻辑芯片与数字电路实验

数字电路的逻辑本身就建立在较为抽象的二进制数基础上，因此需要借助具体的实验和项目才能帮助读者更好地理解各数字模块实际的功能和作用，否则脱离实践的理论学习难免成为纸上谈兵。逻辑芯片就是实现数字电路设计的最好工具。

采用 74 系列芯片实现本书中的部分实验，有助于读者深刻理解各数字电路模块的物理结构与交互关系。对于数字电路入门课程来说，最适合实验的是双列直插封装（Dual in-line Package，DIP）的芯片。如图 2.2.6 所示，这种直插封装的芯片可以在面包板上反复插拔，结合其他常用直插元件，如电阻器、开关、LED、数码管等，就可以将本书介绍的数字电路以具象的方式呈现。

■ 图 2.2.6　通过直插封装的芯片在面包板上快速搭建电路

对于功能较为复杂的电路来说，搭建一个电路可能需要很多种类的 74 系列芯片及相应的元件，这就会导致电路连接出错的概率大大上升，且实验难度和成本会显著增加。而具有可编程特点的 FPGA 则可以完美解决电路复杂性带来的问题。在 FPGA 中，不论是简单的门电路，还是含有多种数字电路模块的复杂电路，只需要通过 HDL 代码对电路模块进行合理描述，就可以在 FPGA 上实现与之功能完全一样的电路模块。

FPGA 的实验更加侧重于对电路行为和逻辑功能的理解，同时能培养模块化的设计思维与代码设计能力。不过，FPGA 的电路连接都是在芯片内部实现的，其中的物理连接方式不得而知，因此相较于 74 系列芯片而言更加抽象。本书结合两种实验方式的优势，依次对第 1 章介绍的数字模块理论展开实验练习，并在最后引入一些常见的工程项目作为综合实践训练。

◎ 2.3　通过 74 系列芯片搭建数字电路模块 ▶▶▶

在纸上完成数字电路结构的理论设计后，就可以通过 74 系列芯片搭建实体电路了。在实施过程中，需要通过芯片的技术手册了解该芯片的逻辑功能、引脚分布及电气特性等重要参数，并最终通过面包板或印制电路板等载体实现完整的可以工作的电路。

1.　查询技术手册

搭建电路之前，首先需要对 74 系列芯片的功能有所了解，技术手册就是了解一款芯片的最佳途径。所有半导体厂商都为其研发的芯片配有详细的技术手册，通常会包含该元件的主要功能特点、电气参数、引脚定义、芯片封装、物理尺寸和典型应用案例等。芯片的技术手册通常都是用英文书写的，根据内容的复杂程度，篇幅可长达数十页。对于从事电子技术相关工作的人员来说，在学习或工作中通过大量阅读的方式就可以有效提升英文阅读能力；同时，从海量的信息中快速提取重要数据也是必备的技能。

以 74HC00 与非门芯片为例，登录德州仪器（Texas Instruments）的官网，在主页搜索框中直接输入 74HC00 后就可以找到该芯片的技术手册，如图 2.3.1 所示。

■ 图 2.3.1　在德州仪器官网搜索 74HC00 的技术手册

芯片的关键信息通常都会在首页中汇总以便用户快速查阅，图2.3.2就是该芯片技术手册的首页信息。厂商的元件技术手册可能更新过许多次，因此首先要确保所使用的技术手册是官方当前的最新版本，并且和元件型号是对应的。图2.3.2的右上角标注了该技术手册对应的芯片为SN74HC00，并且为当前最新版本。

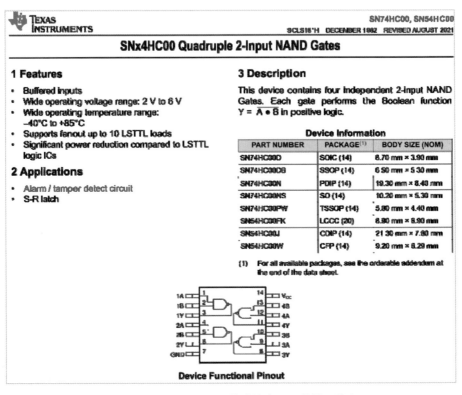

■ 图2.3.2　74HC00芯片技术手册的首页信息

首页中只提供该芯片的概要信息，而更多细节（如引脚定义和电气参数等内容）需要在对应的章节中查询。

2. 几款常用的74系列芯片

74系列芯片历经近半个世纪的发展与迭代，已经衍生出了上千个实现特定逻辑功能的种类，熟悉所有种类的特点与功能显然是不现实的，更重要的是掌握学习和使用的方法。对于数字电路来说，常用的模块主要包括门电路、组合逻辑电路与时序逻辑电路，本书从中挑选了几种常用的74系列芯片，见表2.3.1。

表2.3.1　几种常用的74系列芯片

型号	主要功能	引脚数
74HC08	2输入与门	14
74ALS00	2输入与非门	14
74HC138	3-8译码器	16
74HC74	D触发器	14

型号	主要功能	引脚数
74LS192	可逆计数器	16
CD4511	7 段数码管译码器	16
CD4017	十进制计数器	16

表 2.3.1 中的芯片涵盖了门电路、组合逻辑电路及时序逻辑电路，分别会在之后的实验和项目中应用。

3. 搭建实验电路

下面以 74LS00 为例，演示在面包板上搭建一个与非门电路的实验步骤。74LS00 芯片引脚示意图如图 2.3.3 所示。74LS00 采用 5V 供电，因此要在面包板上将芯片的引脚 14 连至 5V，将引脚 7 接地。

除此之外，为了能观察实验现象，还要准备电阻、拨码开关及 LED。确保供电正常后就可以开始接下来的连线过程。

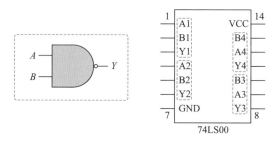

■ 图 2.3.3　74LS00 芯片引脚示意图

图 2.3.4 左侧是实验的电路原理图，电阻 R1、R2、R3 为限流电阻，其阻值会影响 LED 的亮度，在这里均采用 1kΩ 电阻。两个绿色的 LED 对应当前的输入状态，红色的 LED 可以反映输出状态。图 2.3.4 的右侧为最终的面包板连接方案参考图。为了培养良好的习惯，在连接的过程中应当关闭电源，待所有线路与元件的连接检查无误后再接通电源。

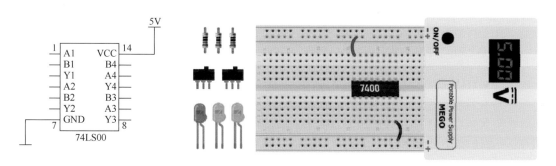

■ 图 2.3.4　电路原理图与连接方案

实验电路搭建完成后，可以接通电源，并通过调整拨码开关来观察 LED 的亮灭情况，结合与非门的真值表来验证实验电路是否正确。完整的面包板电路如图 2.3.5 所示。

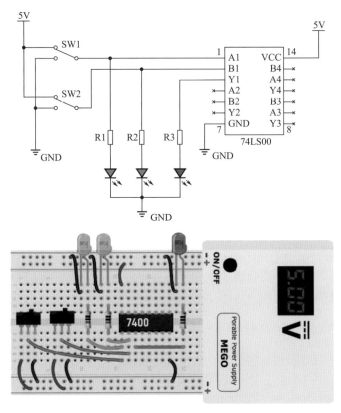

■ 图2.3.5 完整的面包板电路

◎ 2.4 通过 FPGA 实现数字电路模块 ▶▶▶

FPGA 项目开发在很大程度上是借助电子设计自动化（Electronics Design Automation，EDA）工具实现的.也就是说，设计者可以通过抽象层级较高的描述方法，比如代码或图形化连接等操作来完成硬件的定义和描述。而底层的电路实现，比如代码的逻辑综合、芯片内部的布局布线及最终机器可读的二进制代码等环节的实现，都是由具备强大运算能力的计算机完成的。这里将以小脚丫开发板为例介绍 FPGA 项目开发流程。

1. FPGA 项目开发流程

FPGA 项目开发流程可以参考图2.4.1。

首先，需要根据项目需求设计出电路方案，比如定义模块的输入和输出端口，以及内部的逻辑关系。这一部分必须由开发者自行完成，通常也是最考验设计能力和基础功底的部分。完成理论设计后，接下来的环节都可以在 EDA 工具中完成。首先，需要将抽象的电路模块按照 EDA 工具可以识别的方式进行描述，即 HDL 描述。本书采用 Verilog 作为电路描述语言。接下来，HDL 代码被进一步转化成逻辑门电路，这一步称为逻辑综合。直至目前为止，硬件设计的抽象层级还属于数字电路范畴。

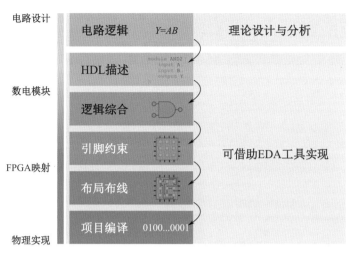

电路设计
电路逻辑　　$Y=AB$　　理论设计与分析

HDL描述

数电模块
逻辑综合

引脚约束　　　　　可借助EDA工具实现

FPGA映射
布局布线

项目编译　　0100...0001

物理实现

■　图 2.4.1　FPGA 项目开发流程

接下来的引脚约束、布局布线和项目编译则必须借助 FPGA 及 EDA 工具实现。为了方便开发者进行项目管理，许多厂商都会将所需的 EDA 工具集成在一个软件之中，这种软件称为集成开发环境（Integrated Development Environment，IDE）。一个 IDE 软件通常集成了代码编辑器、逻辑综合软件、FPGA 芯片的引脚分配文件、芯片内部走线生成器、项目编译器等所有工具。

知名的 FPGA 厂商都会针对其芯片的特点推出各自的 IDE 软件，比如赛灵思的 Vivado、阿尔特拉的 Quartus、莱迪斯的 Diamond 等。原厂 IDE 通常会提供免费版本，供学习和教学使用。

2. 原厂 IDE

莱迪斯 Diamond 的详细说明可在小脚丫社区平台（stepfpga）教程目录中找到（图 2.4.2），这里仅介绍大致的操作流程。

■　图 2.4.2　小脚丫社区平台

首先进入莱迪斯官网，在产品系列中找到 Lattice Diamond 后进入设计软件注册和下载页面，如图 2.4.3 所示。

■ 图2.4.3　在莱迪斯官网找到 Lattice Diamond

打开 Lattice Diamond 并创建新的工程文件后，按照系统提示的要求选择对应的 FPGA 芯片，如图 2.4.4 所示。本书使用的芯片为 XO2-4000HC。

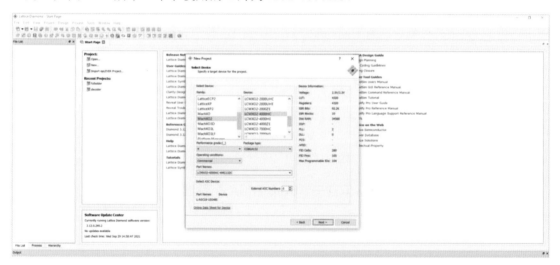

■ 图2.4.4　选择对应的 FPGA 芯片

软件的项目开发界面中包含开发流程界面、代码文件编辑区、软件菜单、工程目录及信息提示区等，如图 2.4.5 所示。

当完成代码编辑和逻辑综合后，单击引脚分配可以将对应的端口和内部走线映射至 FPGA 芯片，引脚分配的操作步骤如图 2.4.6 所示。

最终生成的映射文件的后缀为.jed，该文件可直接对 FPGA 进行烧录。由于新版的小脚丫 FPGA 上都装有板载烧录芯片，将小脚丫 FPGA 插入电脑 USB 接口后会自动以 U 盘形式出现，将.jed 文件拖至小脚丫 FPGA 中即可完成烧录。

■ 图 2.4.5　项目开发界面

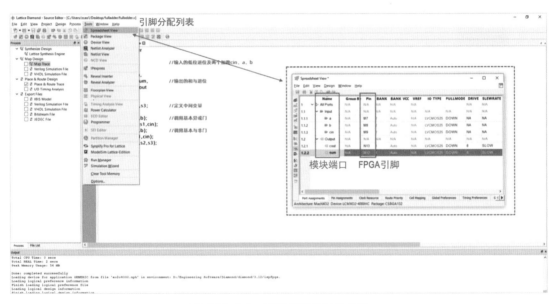

■ 图 2.4.6　引脚分配的操作步骤

3. 小脚丫 IDE

　　小脚丫 IDE 的操作流程较为简单，支持 Lattice XO2 和 Intel Max10 两个系列的 FPGA 编译及项目开发，它是本书 FPGA 编译的主要工具。首先，登录图 2.4.7 所示的 stepfpga 网站，在首页单击"马上开始创建项目"。

图 2.4.7　单击"马上开始创建项目"

图 2.4.8 所示为项目创建页面。这里需要填写项目名称，选择对应的板卡。开发时所需的基本工具，包括逻辑综合、引脚分配、FPGA 映射和文件烧录等工具也都集成在 IDE 之中。

图 2.4.8　项目创建页面

（1）创建项目文件，并完成 XOR3_1 模块的 Verilog 设计代码，如图 2.4.9 所示。

图 2.4.9　完成代码

（2）逻辑综合。如果代码无误，会显示逻辑综合成功（图 2.4.10）。

▓ 图 2.4.10　逻辑综合成功

（3）将模块中定义的输入和输出引脚分配至小脚丫 FPGA 对应的端口，完成引脚分配后单击"保存"按钮，如图 2.4.11 所示。

▓ 图 2.4.11　完成引脚分配

（4）将以上配置映射成对应的 FPGA 内部走线（图 2.4.12）。

▓ 图 2.4.12　将以上配置映射成对应的 FPGA 内部走线

（5）映射成功后，IDE 会生成最终的硬件配置文件 implement.jed（图 2.4.13）。将该文件直接拖至小脚丫 FPGA 中即可完成全部硬件配置。

■ 图 2.4.13　硬件配置文件

以上介绍了通过在线编译器在小脚丫 FPGA 上完成项目开发的过程，在第 4 章中还会通过实例来加深对 IDE 的理解。

第3章

74 系列芯片与数字电路实验

3.1 使用 74HC08 实现与门

1. 实验任务

本实验使用 74HC08 芯片实现一个与门电路。本实验旨在通过实际操作加深读者对与门逻辑的理解,同时初步了解 74 系列芯片的面包板电路搭建方法。

2. 实验原理

与门实现的逻辑功能:只有当决定某事件发生的全部条件都满足时,该事件才会发生,其逻辑符号和真值表如图 3.1.1 所示。

输入		输出
A	B	Y
0	0	0
0	1	0
1	0	0
1	1	1

■ 图 3.1.1　与门的逻辑符号和真值表

接下来采用 74HC08 作为实现与门功能的逻辑芯片。74HC08 是一个集成了四组 2 输入端与门模块的逻辑芯片,根据 2.3 节中讲过的技术手册查询方法,需要准确了解该芯片各引脚的名称以及对应的电气功能。根据技术手册,74HC08 的引脚分布和逻辑功能如图 3.1.2 所示。

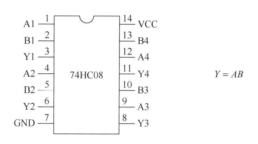

■ 图 3.1.2　74HC08 的引脚分布及逻辑功能

其中，HC 代表高速 CMOS 工艺且可以采用 5V 供电。图 3.1.3 是基于 74HC08 搭建的与门电路原理图。原理图是一种简化、抽象的电路表现形式，是硬件设计中至关重要的一个环节。

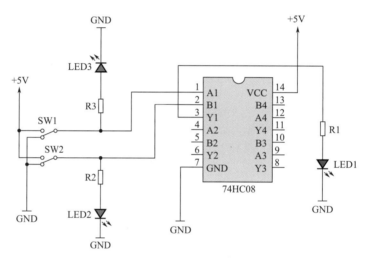

■ 图 3.1.3　与门电路原理图

根据原理图，首先需要对芯片的引脚 14 提供 5V 电压，并将引脚 7 接地。选择引脚 1、2、3 作为与门的两个输入端和一个输出端，并分别连接开关和 LED，以便在实验中进行操作和观察。回顾 2.3 节中介绍的面包板电路搭建方法，本次将结合实际案例动手搭建与门电路。

3. 电路搭建

搭建实验电路时首先需要准备面包板、电源以及所需电子元件和导线等。元件的封装结构通常分为直插型和贴片型，前者的尺寸通常较大，可以在面包板上反复插拔，更加便于实验；后者的尺寸很小，往往和印制电路板（Printed Circuit Board，PCB）配合使用，并且对焊接和组装工艺有较高的要求，通常用于消费类电子或者其他工业领域。本书使用的元件均为直插型元件，以便快速搭建电路。

根据图 3.1.3，芯片需要在 5V 电源下工作，因此首先将引脚 14 和 7 分别接至 5V 电源与地。图 3.1.4 中采用面包板电源供电。通常，使用红色和黑色导线连接电源和地，这样有助于电源路径的快速排查。R1、R2、R3 的阻值均采用 1kΩ。

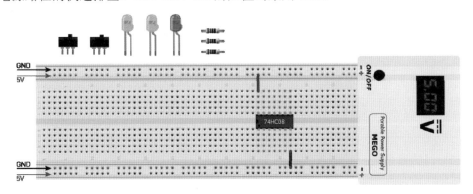

■ 图 3.1.4　采用面包板电源供电

确认芯片的供电连接无误后，可以将其他元件以较为合理的方式摆放，这一步也称布局。不论是在面包板上还是在 PCB 上，元件的布局不仅会影响整体电路的美观度，也会决定整个电路的电气性能和操作性。尽管本节的电路结构较为简单，但培养良好的布局意识也是非常重要的。图 3.1.5 中，我们将用于操作的拨码开关以及用于显示输入状态的绿色 LED 放置在芯片的左侧，而显示输出状态的红色 LED 放置在芯片的右侧。

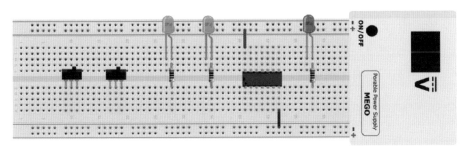

■ 图 3.1.5　将各元件合理地布置在面包板上

最后，根据原理图中的连接方式，用导线将所有元件连接起来，如图 3.1.6 所示。再三确认连接无误后即可开启电源进行功能验证。

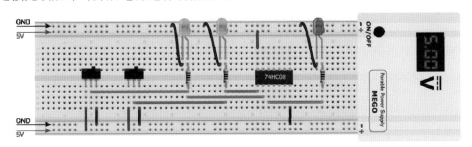

■ 图 3.1.6　用导线连接各元件

4. 功能验证

按照以上步骤完成电路搭建后，可以通过操作拨码开关来观察该电路的逻辑功能。将实验结果记录在表 3.1.1 中。

表 3.1.1　74HC08 与门功能验证表

LED2（绿左）	LED3（绿右）	LED1（红）
灭	灭	灭

对比与门的真值表，验证该实验结果是否正确。

3.2　使用 74ALS00 实现异或门

1. 实验任务

本实验是搭建并验证一个异或门电路。假设手里仅有 74ALS00，试用该芯片搭建异或门电路。

2. 实验原理

异或门实现的逻辑功能：对于两输入逻辑异或运算来说，输入端电平相同则输出高电平，输入端电平不同则输出低电平。其逻辑符号和真值表如图 3.2.1 所示。

输入		输出
A	B	Y
0	0	0
0	1	1
1	0	1
1	1	0

■ 图 3.2.1　异或门逻辑符号和真值表

本实验采用 74ALS00。在技术手册中可以找到该芯片的引脚分布及逻辑表达式，如图 3.2.2 所示。

$$Y_1 = \overline{A_1 B_1}$$

$$Y_2 = \overline{A_2 B_2}$$

$$Y_3 = \overline{A_3 B_3}$$

$$Y_4 = \overline{A_4 B_4}$$

■ 图 3.2.2　74ALS00 的引脚分布及逻辑表达式

由于与非门只能实现 $Y=\overline{AB}$ 的逻辑功能，那么如何用与非门来实现异或门呢？这里需要利用逻辑代数式的一些运算技巧实现两者之间的变换。首先，异或门的逻辑表达式可以写成：

$$Y = A \oplus B = A\overline{B} + \overline{A}B$$

鉴于与非门的逻辑特点，将上述公式转化成"非"逻辑的形式：

$$Y = A\left(\overline{A} + \overline{B}\right) + B\left(\overline{A} + \overline{B}\right)$$

连续套用两次非运算即可得到：

$$Y = A\left(\overline{\overline{AB}}\right) + B\left(\overline{\overline{AB}}\right)$$

鉴于与非门的逻辑特点，需要对上述公式中的"+"运算再次转化，根据德摩根定律（De Morgan's Law），以上表达式可以进一步转化为：

$$Y = \overline{\left(\overline{A(\overline{AB})}\right) \cdot \left(\overline{B(\overline{AB})}\right)}$$

根据上式得知，需要 4 个 2 输入与非门才能实现异或逻辑，如 A 与 B 为输入得到输出 Y_1，Y_1 与 A 为输入得到输出 $Y_2 = A(\overline{AB})$，Y_1 与 B 为输入得到输出 $Y_3 = B(\overline{AB})$，Y_2 与 Y_3 为输入得到最后的异或逻辑输出 Z：

$$Z = A\overline{B} + \overline{A}B = A(\overline{A} + \overline{B}) + B(\overline{A} + \overline{B}) = \overline{\overline{A(\overline{AB})} + \overline{B(\overline{AB})}} = \overline{\overline{A(\overline{AB})} \cdot \overline{B(\overline{AB})}}$$

3. 电路搭建

使用 74ALS00 芯片的异或门电路如图 3.2.3 所示，74ALS00 有 4 个完全相同的 2 输入与非门，要得到异或逻辑输出，正好需要使用 4 个与非门。由图 3.2.3 可知，LED2 是第一个与非门电路的 A1 输入端的逻辑指示，亮代表 A1 为高电平（逻辑 1），熄灭代表 A1 为低电平（逻辑 0）；LED1 是 B1 的逻辑指示，亮代表 B1 为高电平（逻辑 1），熄灭代表 B1 为低电平（逻辑 0）。第一个与非门的输出 Y1 接到 B2，A1 接到 A2，得到输出 Y2；第一个与非门的输出 Y1 接到 A3，B1 接到 B3，得到输出 Y3；最后 Y2 接到 A4，Y3 接到 B4，得到异或逻辑输出 Y4。

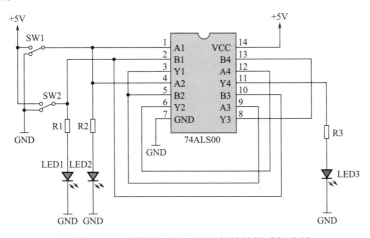

■ 图 3.2.3　使用 74ALS00 芯片的异或门电路

接下来按图 3.2.4 在面包板上搭建电路。

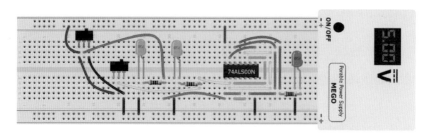

■ 图 3.2.4　面包板电路

4. 异或门功能验证步骤

通过功能验证来掌握 74 系列芯片的应用要领，加深对异或门电路的理解。本实验中，对面包板上搭建好的电路上电后，进行按键操作并观察、记录。操作步骤如下。

给面包板提供 5V 的工作电源。

拨动拨码开关，让面包板上接到 A1 引脚的发光二极管亮，接到 B1 引脚的发光二极管熄灭，并将输出端（接到 Y1 引脚上）发光二极管的亮灭情况填入表 3.2.1 中。

拨动拨码开关，让面包板上接到 A1 引脚的发光二极管熄灭，接到 B1 引脚的发光二极管亮，并将输出端（接到 Y1 引脚上）发光二极管的亮灭情况填入表 3.2.1 中。

拨动拨码开关，让电路板上的两个输入端发光二极管都熄灭，并把输出端发光二极管的亮灭情况填入表 3.2.1 中。

拨动拨码开关，让电路板上的两个输入端发光二极管都亮，并把输出端发光二极管的亮灭情况填入表 3.2.1 中。

表 3.2.1　记录表

A1	B1	Y1

可以总结出 2 输入端异或门的逻辑功能：当且仅当异或门的两个输入端为相同电平时，异或门的输出端才会输出低电平（逻辑 0）；当且仅当异或门的两个输入端为不同电平时，异或门的输出端才会输出高电平（逻辑 1）。

3.3　实现表决器功能 ▶▶▶

1. 实验任务

设计一个三人表决器（按照少数服从多数的原则），且该电路必须采用与非门搭建。本实验采用 74ASL00 芯片，完成理论设计后将电路搭建在面包板上，通过开关和 LED 验证电路功能。

2. 实验原理

三人表决器电路中，三人各控制 A、B、C 三个按键中的一个，以少数服从多数的原则表决事件，按下表示同意，否则为不同意。若两人及两人以上同意，则发光二极管点亮，否则不亮。三人表决器真值表见表 3.3.1。

表 3.3.1　三人表决器真值表

输入			输出
A	B	C	Y
0	0	0	0
0	0	1	0
0	1	0	0
0	1	1	1
1	0	0	0
1	0	1	1
1	1	0	1
1	1	1	1

真值表经过转换可以得到逻辑表达式：

$$Y = \overline{A}BC + A\overline{B}C + AB\overline{C} + ABC$$

如何用与非门来实现表决器的逻辑呢？需要通过逻辑表达式的变换来得到新的由与非门组成的逻辑表达式。

$$Y = AB + BC + AC = \overline{(\overline{AB})(\overline{BC})(\overline{AC})}$$

根据这个逻辑表达式可以知道，需要 3 个 2 输入与非门和 1 个 3 输入与非门才能实现表决器逻辑功能。用一片 74ALS00，加上一片 74ALS01 就可以实现。其中，74ALS01 是 2 路 4 输入与非门数字集成电路。

3. 电路搭建

接下来将图 3.3.1 所示的电路在面包板上进行搭建。搭建好的面包板电路如图 3.3.2 所示，使用了一片 74ALS00 和一片 74ALS01。

4. 功能验证

可以总结出三人表决器的逻辑功能：按照少数服从多数的原则，三人中有两人或两人以上同意（逻辑 1），则输出结果为同意（逻辑 1）；只有一人同意或者无人同意，则输出结果为不同意（逻辑 0）。将实验结果记录在表 3.3.2 中。

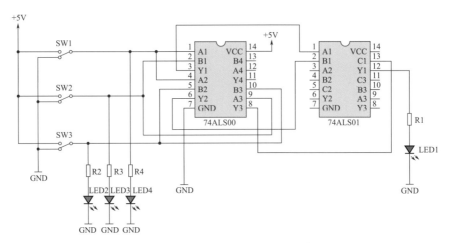

图 3.3.1 基于 74ALS00 的三人表决器原理图

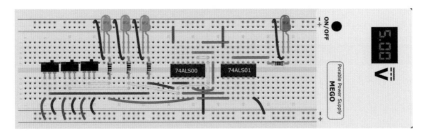

图 3.3.2 利用 74ALS00 与 74ALS01 搭建的三人表决器面包板电路

表 3.3.2 记录表

LED2（绿左）	LED3（绿中）	LED4（绿右）	LED1（红）
灭	灭	灭	灭

3.4 使用 74LS138 实现 3-8 译码器

1. 实验任务

本实验将搭建一个 3-8 译码器，使用 74LS138 芯片。

2. 实验原理

3-8 译码器逻辑功能：对于 3 个输入逻辑电平，输出 8 种译码结果，其真值表见表 3.4.1。

表 3.4.1 3-8 译码器真值表

输入			输出							
A2	A1	A0	Y7	Y6	Y5	Y4	Y3	Y2	Y1	Y0
0	0	0	0	0	0	0	0	0	0	1
0	0	1	0	0	0	0	0	0	1	0
0	1	0	0	0	0	0	0	1	0	0
0	1	1	0	0	0	0	1	0	0	0
1	0	0	0	0	0	1	0	0	0	0
1	0	1	0	0	1	0	0	0	0	0
1	1	0	0	1	0	0	0	0	0	0
1	1	1	1	0	0	0	0	0	0	0

74LS138 是 3-8 译码器数字集成电路，其引脚排列如图 3.4.1 所示。

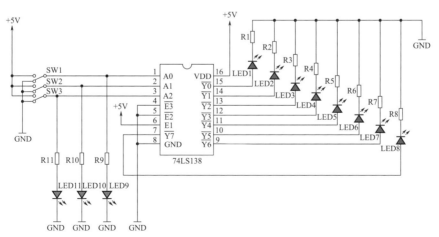

图 3.4.1 74LS138 引脚排列

3-8 译码器输入的是二进制数，因此 3 路输入信号对应 3 位二进制数，其最大输出位数为 8。74LS138 芯片是一种全译码器（二进制译码器），其电路如图 3.4.2 所示。输入信号 A0、A1、A2 用开关控制，输出 Y0～Y7 分别接至 LED 来显示输出的电平，每一种输入的状态对应 8 位输出，只有一个 LED 亮。

图 3.4.2 基于 74LS138 的 3-8 译码器电路

3. 电路搭建

接下来将图 3.4.2 所示的电路在面包板上进行搭建，搭建后如图 3.4.3 所示。

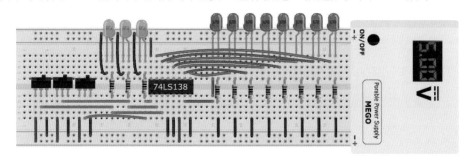

■ 图 3.4.3　3-8 译码器面包板电路

4. 功能验证

通过功能验证来掌握数字 IC 的应用要领，加深对异或门电路的理解。本实验中，对面包板上搭建好的电路上电后，进行按键操作，观察并记录实验结果。操作步骤如下。

给面包板提供 5V 工作电源。

拨动拨码开关，控制面包板上接在 A0、A1、A2 引脚的发光二极管亮，3 位数据一共有 8 种状态，观察输出 Y0、Y1、Y2、Y3、Y4、Y5、Y6、Y7 引脚的发光二极管亮灭状态，将实际情况填入表 3.4.2 中。

表 3.4.2　记录表

输入			输出							
LED11	LED10	LED9	LED8	LED7	LED6	LED5	LED4	LED3	LED2	LED1
亮	亮	灭								
灭	亮	亮								
亮	亮	亮								
灭	灭	亮								
灭	亮	灭								

根据表 3.4.2 可以总结出 3-8 译码器的逻辑功能：3 位数字输入一共可以组成 8 种状态，每种状态对应一种输出的状态，也就是将 3 位二进制数通过译码变成了 8 种不同组合。

◎ 3.5　使用 74HC74 实现 D 触发器功能 ▶▶▶

1. 实验任务

本实验使用 74HC74 芯片实现 D 触发器功能，使读者通过实验理解 D 触发器的基本原理。

2. 实验原理

1.4 节介绍了 D 触发器是具有记忆功能和两个稳定状态的信息存储元件。本实验使用的 74HC74 是一款高速 CMOS 芯片，其内部包含双路 D 型上升沿触发器，其余的引脚还包括数据输入、时钟输入、置位、复位等。图 3.5.1 给出了该芯片的引脚定义。

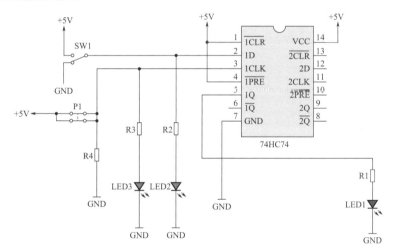

$\overline{CLR}$	复位输入，反逻辑驱动
D	数据输入
CLK	时钟信号（上升沿触发）
$\overline{PRE}$	置位输入，反逻辑驱动
Q	输出
$\overline{Q}$	反向输出

▉ 图 3.5.1　74HC74 的逻辑功能及引脚定义

图 3.5.2 是实验电路。置位 $\overline{CLR}$ 和复位 $\overline{PRE}$ 都是异步低电平有效，因此不依赖于时钟信号。如果不需要置位和复位功能，可以将这两个引脚连至 5V 高电平。为了便于观察，系统的时钟信号由按键 P1 手动控制。电路的输入信号由 SW1 控制，而输出信号连接 LED1 用于显示模块的数据输出。

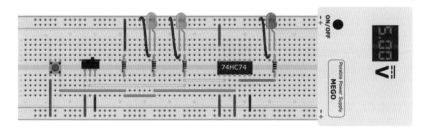

▉ 图 3.5.2　基于 74HC74 实现的 D 触发器实验电路

3. 电路搭建

D 触发器面包板电路如图 3.5.3 所示，与之前的实验方法类似，输入信号都用开关来控制，用 LED 显示高电平或者低电平。输出也分别接 LED 来显示电平。

▉ 图 3.5.3　D 触发器面包板电路

4. 功能验证

拨动拨码开关，将发光二极管的亮灭情况填入表 3.5.1 中。

表 3.5.1　记录表

LED1	LED2	LED3

◎ 3.6　使用 555 计时器实现红绿双闪灯 ▶▶▶

1. 实验任务

555 计时器是一款经典的芯片，虽然不属于 74 系列，但也常被用于实现计时和脉冲产生等功能。本实验介绍 555 芯片的基本工作原理，并实现多谐振荡电路，使红色 LED 和绿色 LED 交替闪烁（频率大约为 1Hz）。

2. 实验原理

集成时基电路又称集成定时器或 555 电路，是一种数字、模拟混合型的中规模集成电路，应用十分广泛。它是一种产生时间延迟和多种脉冲信号的电路，由于内部电压标准使用了三个 5kΩ 电阻，故取名 555 电路。

555 芯片的工艺主要有双极型和 CMOS 型，两者在工作原理上类似。大部分双极型产品型号后三位数都是 555 或 556，而所有 CMOS 型后四位数都是 7555 或 7556，两者的功能与引脚排列完全相同，因此可以互换使用。555 和 7555 是单定时器。556 和 7556 是双定时器。双极型的电源电压为 5~15V，输出的最大电流可达 200mA，CMOS 型的电源电压为 3~18V。图 3.6.1 给出了 555 芯片的引脚排列和内部结构。

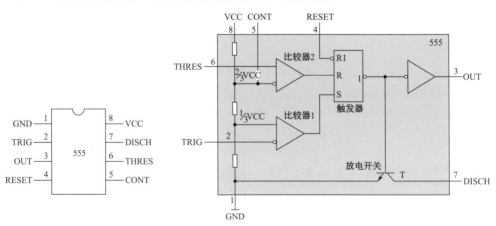

图 3.6.1　555 芯片的引脚排列及内部结构

芯片内部含有两个比较器、一个触发器、一个双极型三极管 T（放电开关）。两个比较器的参考电压分别为 $1/3V_{CC}$ 和 $2/3V_{CC}$。比较器的输出端则控制触发器和放电开关的状态。当引脚 6 的输入信号超过参考电平 $2/3V_{CC}$ 时，触发器复位致使引脚 3 输出低电平，同时放电开关导通；当引脚 2 的输入信号低于 $1/3V_{CC}$ 时，触发器置位，此时引脚 3 输出高电平，同时放电开关截止。引脚 4 控制整个芯片的复位状态，通常开路或接 V_{CC}。

图 3.6.2 所示是多谐振荡电路，可以通过该电路实现本实验的 LED 交替闪烁的任务。

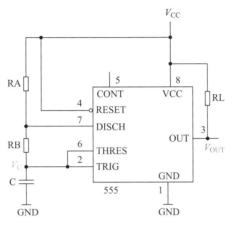

图 3.6.2　多谐振荡电路

接通电源时，电容 C 的电压 $V_C = 0\text{V}$。当 $V_C < 1/3V_{CC}$ 时触发引脚 2，此时 V_{OUT} 产生高电平；随着电源经电阻 RA、RB 对电容 C 充电，当 $V_C > 2/3V_{CC}$ 时，引脚 6 被触发，此时输出 V_{OUT} 转为低电平。同时，放电端引脚 7 对地接通，则电容 C 通过引脚 7 对地放电。当电容电压 $V_C < 1/3V_{CC}$ 时，引脚 2 再次被触发，V_{OUT} 转为高电平。这样循环形成了振荡，并得到了矩形输出脉冲。该电路的信号波形与计算方法如图 3.6.3 所示。

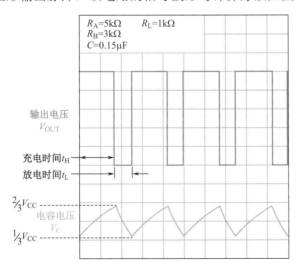

充电时间 $t_H = 0.7(R_A + R_B)C$

放电时间 $t_L = 0.7R_BC$

振荡周期 $T = t_H + t_L$

振荡频率 $f = \dfrac{1}{T}$

图 3.6.3　该电路的信号波形与计算方法

3. 电路搭建

完整的电路如图 3.6.4 所示。

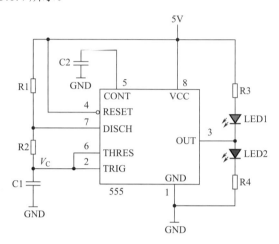

■ 图 3.6.4 完整的电路

任务中要求的闪烁频率为 1Hz，因此对应的振荡周期为 1s。代入电路计算公式可得：

$$1 = 0.7(R_1 + 2R_2)C_1$$

如果选用 C_1=1μF，则需要满足 R_1+2R_2 约等于 1500kΩ，即 $R_1=R_2$=500kΩ。由于本实验对频率精度的要求不高，实际搭建中我们可以采用最接近计算结果的取值阻值 510 kΩ 作为 R_1 和 R_2 的值。C_2 是去耦电容，这里可选用 0.1μF。限流电阻 R_3 与 R_4 的选值范围为 200Ω～1kΩ，可根据 LED 的亮度调节。

4. 功能验证

使用万用表测量 555 芯片的引脚 2 与引脚 6 电压，与输出红绿灯的状态进行对比，应符合表 3.6.1 所列功能。

表 3.6.1　电路功能验证

输入			输出	
引脚 2	引脚 6	引脚 4	红	绿
X	X	0	灭	亮
>1/3V_{CC}	>2/3V_{CC}	1	灭	亮
>1/3V_{CC}	<2/3V_{CC}	1	灭	亮
<1/3V_{CC}	<2/3V_{CC}	1	亮	灭

◎ 3.7　使用 555 计时器与 CD4017 实现流水灯

1. 实验任务

用 555 计时器和 CD4017 控制 10 个 LED 轮流点亮，可以改变闪烁的速度。读者通过本实验可以进一步理解 555 电路和计数器的功能。

2. 实验原理

前面通过 555 计时器生成了振荡电路，将其和 CD4017 结合即可实现 10 个 LED 轮流点亮。由 555 计时器组成的振荡电路前文已经讲过，在这里对其稍加修改，并加入可变电阻使其振荡频率可以手动调节，如图 3.7.1 所示。

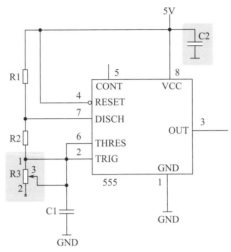

■ 图 3.7.1　加入可变电阻使得振荡频率可调

CD4017 是一种十进制计数器/脉冲分配器，具有 10 个译码输出端，以及 CP、CR 和 INH 输入端。时钟输入端可由脉冲信号边沿触发，且对上升和下降时间无限制。CD4017 含有 16 个引脚，其引脚及真值表如图 3.7.2 所示。

输入			输出	
CP	INH	CR	Q0~Q9	CO
x	x	1	Q0	
↑	0	0	计数	Q0~Q4: CO=1
1	↓	0		Q5~Q9: CO=0
0	x	0		
x	1	0	保持	
↓	x	0		
x	↑	0		

引脚图：
Q5—1, Q1—2, Q0—3, Q2—4, Q6—5, Q7—6, Q3—7, VSS—8（左侧）
16—VDD, 15—CR, 14—CP, 13—INH, 12—CO, 11—Q9, 10—Q4, 9—Q8（右侧）
CD4017

■ 图 3.7.2　CD4017 引脚及真值表

CD4017 的基本功能是对 CP 端输入脉冲次数进行十进制计数，并按照输入脉冲的顺序将脉冲依次分配至 Q0~Q9，待计满后计数器复位清零，同时输出一个进位脉冲。基于此功能，用 555 计时器和 CD4017 轮流点亮 10 个 LED。

3. 电路搭建

流水灯电路如图 3.7.3 所示。

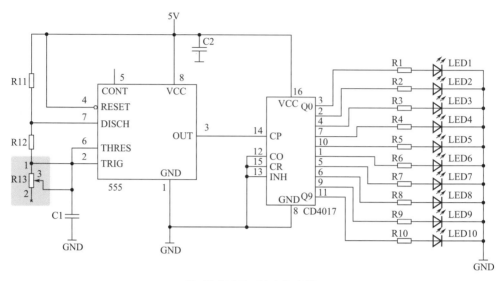

图 3.7.3　流水灯电路

其中，由 555 谐振电路产生振荡脉冲作为时钟触发信号送至 CD4017 的引脚 14。电源引脚分别接至 5V 和电源地，且引脚 12、13、15 均拉至低电平。剩余引脚则按照十进制顺序依次连接 10 个 LED。元件参数见表 3.7.1。

表 3.7.1　元件参数

元件	元件参数
R1～R10	470Ω
R11	2.2kΩ
R12	10kΩ
R13	50kΩ
C1	1μF
C2	1μF

4. 功能验证

调节 R13，使其阻值增大，LED 闪烁速度变慢；若调节 R13 使其阻值变小，则 LED 闪烁速度变快。实验面包板电路如图 3.7.4 所示。

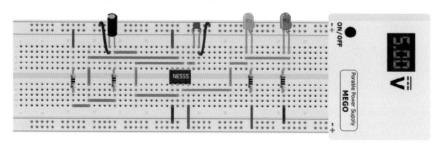

图 3.7.4　实验面包板电路

第 4 章

FPGA 与数字电路实验

 ## 4.1 实现 3 输入异或门电路

1. 实验任务

异或门常被应用于加、减、乘、除等运算，也是计算机逻辑运算中的重要组成部分。本实验以异或门电路为例，结合小脚丫 FPGA 演示一个 3 输入异或门电路的完整实现方法和操作流程。

2. 实验原理

3 输入异或门在数字集成逻辑电路中主要用来实现逻辑异或的功能。对于 3 输入异或门来说，若输入为偶数（包括 0）个高电平，则输出为低电平；否则输出为高电平。图 4.1.1 是 3 输入异或门的逻辑结构。

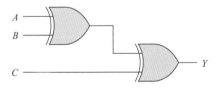

■ 图 4.1.1　3 输入异或门的逻辑结构

3 输入异或门的真值表见表 4.1.1。

表 4.1.1　3 输入异或门的真值表

输入			输出
A	B	C	Y
0	0	0	0
0	0	1	1

续表

输入			输出
0	1	0	1
0	1	1	0
1	0	0	1
1	0	1	0
1	1	0	0
1	1	1	1

3. 代码设计

了解该模块的工作原理之后，就可以通过 Verilog 构建硬件结构了。VHDL 和 Verilog 对一个电路进行描述时都可以采用三种方式：门级描述（也称结构化描述）、数据流描述、行为级描述。作为第一个 FPGA 代码例程，本节采用最直观的门级描述方式，数据流和行为级描述方式会在以后的实验里介绍。

首先需要完成模块的基本定义。

模块的名称必须使用英文字母，建议采用能表达模块含义的英文单词或拼音。例如，命名为 XOR3_1，代表 3 输入 1 输出的 XOR 门。

图 4.1.2 中模块的 Verilog 代码如下。其中，**input** 和 **output** 分别代表输入和输出信号；信号的类型有两种，分别是 **wire**（等同于导线）和 **reg**（等同于寄存器，在以后的实验中会见到）。输入信号的类型只能是 **wire**，因此即便在语句中省略，输入信号 **A**、**B** 或 **C** 也被默认为 **wire** 类型。模块的基本定义参考以下代码。

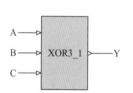

信号名称	信号位宽	信号类型
A	1 bit	input
B	1 bit	input
C	1 bit	input
Y	1 bit	output

图 4.1.2　XOR3_1 模块的端口定义

```
module XOR3_1 (      // 定义模块名称
    input wire  A,   // 输入信号A
    input wire  B,   // 输入信号B
    input wire  C,   // 输入信号C
    output wire Y    // 输出信号Y
) ;
```

在定义模块端口时也可以采用单行的形式：

```
module XOR3_1 (input A, B, C, output Y);
```

接下来描述模块的逻辑功能。在大部分 Verilog 编译器中，常用的基础门电路，如 NOT、AND、NAND、OR、XOR 等，都已经被做成可以直接调用的基本单元（简称基元）。比如，一个 3 输入异或门可以直接表达为：

```
xor  (Y, A, B, C) ;   // Y是输出，写在最左侧；输入信号全部写在右侧
```

这种直接调用基元来描述电路结构的方式称为门级描述。对于由较少数量的门电路组

成的电路结构来说，门级描述比较直观、简洁。结合以上内容，代码 4.1 是本实验的完整代码。

代码 4.1：采用门级描述方式构建 3 输入异或门电路

```
module XOR3_1 (          // 定义模块名称
    input wire  A,       // 输入信号A
    input wire  B,       // 输入信号B
    input wire  C,       // 输入信号C
    output wire Y        // 输出信号Y
) ;
    xor  (Y, A, B, C);   // 生成一个3输入 xor 模块
endmodule                // 结束模块定义
```

4. FPGA 实验

本实验采用小脚丫线上 IDE 实现 3 输入异或门的代码。作为第一个 FPGA 实验，这里会详细介绍 IDE 从项目创建直至生成最终 FPGA 芯片烧录文件的完整流程。

（1）创建项目文件，并完成 XOR3_1 模块的 Verilog 代码（图 4.1.3）。注意，设计文件的名称应当和项目名称保持一致。

图 4.1.3 完成代码

（2）单击"逻辑综合"按钮。如果代码无误，则会显示逻辑综合成功（图 4.1.4）。如有代码错误，系统提示区域会标注报错代码的行数，用于查找和修复。

图 4.1.4 逻辑综合成功

（3）将模块中定义的输入和输出引脚分配至小脚丫 FPGA 对应的端口（图 4.1.5）。完成引脚分配后单击"保存"按钮（图中"管脚"应为"引脚"）。

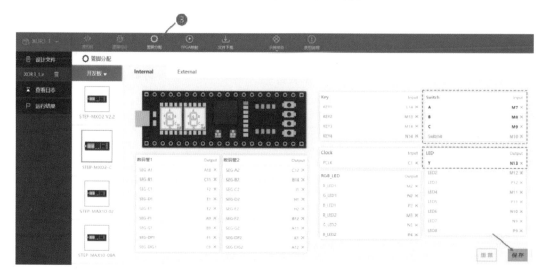

图 4.1.5　分配引脚

（4）FPGA 映射（图 4.1.6）是将以上所有综合后的门电路在 FPGA 芯片内部生成复杂的电气走线，以实现上述逻辑功能。该步骤由小脚丫 IDE 内部的 EDA 工具自动完成。

图 4.1.6　FPGA 映射

（5）映射成功后，IDE 会生成最终的硬件配置文件 implement.jed（图 4.1.7）。将该文件直接拖至小脚丫 FPGA 中即可完成烧录。

确认上述操作无误之后，可以在通电的小脚丫 FPGA 上进行该门电路的实验。参考图 4.1.8，如果把拨码开关 SW1、SW2 和 SW3 均置 0，则 LED1 点亮；当 SW2 置 1 时，LED1 熄灭。

这种情况与真值表恰好相反，这是因为小脚丫 FPGA 的 8 个 LED 均采用了低电平点亮的反逻辑设计：当 FPGA 输出低电平时 LED 点亮，当 FPGA 输出高电平时 LED 熄灭。事实上，采用反逻辑点亮 LED 可以利用 I/O 端口内部推挽结构的特点使得驱动能力更强，因此在工业设计中更加普遍。

图 4.1.7 生成硬件配置文件

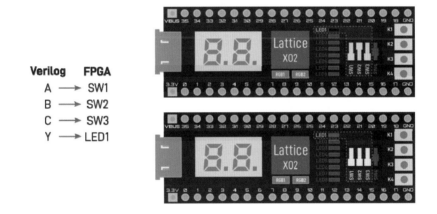

Verilog	FPGA
A	→ SW1
B	→ SW2
C	→ SW3
Y	→ LED1

图 4.1.8 在小脚丫 FPGA 上调试 3 输入异或门

5. 课后练习

门级描述不仅可以描述常规的与门、非门、或门等，还可以通过连接组合的方式实现自定义功能。比如，以下代码对某自定义门电路模块 **xgate** 进行了描述，试独立完成练习中的三个任务。

```verilog
module xgate (
    input wire  A,
    input wire  B,
    input wire  C,
    output wire Y
```

```
    );
        wire  s1, s2;
        and  (s1, A, B);
        not  (s2, C);
        or   (Y, s1, s2);
    endmodule
```

任务一：图 4.1.9 给出了 **xgate** 模块的端口定义，试根据以上代码绘制出详细的内部结构，并标清所有必要的信号名称。

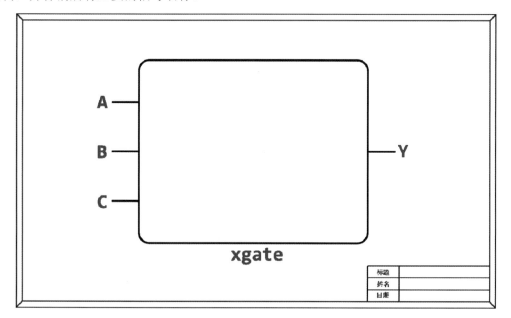

■ 图 4.1.9　练习图 1

任务二：完成 **xgate** 门电路的真值表，见表 4.1.2。

表 4.1.2　练习表

A	B	C	Y

任务三：将以上代码按照实验中的步骤烧录至 FPGA 中，并根据图 4.1.10 中的引脚分配和小脚丫 FPGA 的拨码开关情况，选择 LED2 对应的亮灭状态。思考当前实验结果是否与真值表一致。

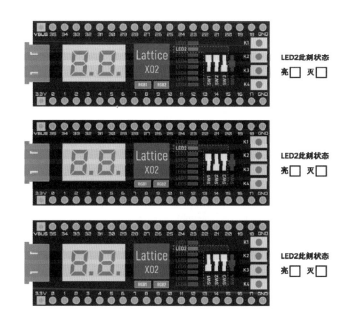

图 4.1.10 练习图 2

◎ 4.2 实现全加器 ▶▶▶

1. 实验任务

通过数据流描述方式，在小脚丫 FPGA 上实现一个全加器电路。在实验环节中，通过 LED 的亮灭状态显示并验证二进制加法的运算过程。

2. 实验原理

1 位全加器含有 3 路输入信号和 2 路输出信号，且输出与输入满足以下逻辑关系，全加器真值表见表 4.2.1。

表 4.2.1 全加器真值表

输入			输出	
CIN	A	B	sum	CO
0	0	0	0	0
0	0	1	1	0
0	1	0	1	0
0	1	1	0	1
1	0	0	1	0
1	0	1	0	1
1	1	0	0	1
1	1	1	1	1

$$\text{sum} = A \oplus B \oplus \text{CIN}$$
$$\text{CO} = (A \oplus B)\text{CIN} + AB$$

数字电路基础与实践

当采用门级描述时，必须清晰地画出内部的门电路连接方式才可以构建 HDL 代码。如果采用数据流描述，则可以通过 HDL 中的一些运算符号直接描述输入与输出之间的关系。

3. 代码设计

假设仍然采用门级描述方式，首先需要根据全加器的逻辑表达式画出对应的门电路结构，如图 4.2.1 所示。该结构由 5 个门电路组成，为了准确描述各门电路之间的连接关系，定义了信号 **S1**、**S2**、**S3** 作为中间变量，这样仍然可以调用如 **xor（S1，A，B）**、**or（C0，S2，S3）** 等基元模块。

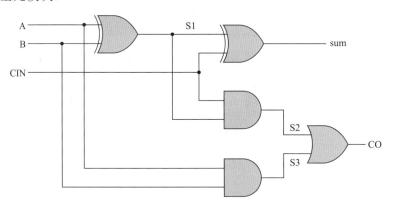

■ 图 4.2.1　1 位全加器的门电路结构

相对于门级描述方式而言，数据流描述方式对于以上结构的描述更加高效。和编程语言一样，Verilog 中含有大量的运算符，可以支持不同功能的运算。表 4.2.2 给出了几种常见的二进制逻辑运算符号，有助于对逻辑表达式进行更快速的 Verilog 描述。

表 4.2.2　Verilog 中几种常见的二进制逻辑运算符号

操作符	按位运算
&	按位取 AND
|	按位取 OR
^	按位取 XOR
~	按位取 NOT
^~	按位取 XNOR

可以看出，以上硬件结构中所有的门电路都有对应的运算符号，只要明白信号的走向和逻辑关系，就可以通过少量代码准确描述输出与输入的对应关系。代码 4.2 通过数据流描述方式构建了 1 位全加器电路。

代码 4.2：采用数据流描述方式构建 1 位全加器

```
module full_adder (
    input wire A,
    input wire B,
    input wire CIN,
    output wire Sum,
```

```
    output wire CO
);
    assign Sum = A^B^CIN;
    assign CO = ((A^B)&CIN)|(A&B);
endmodule
```

需要了解的是，数据流描述方式只在乎信号之间的逻辑或运算关系，而并不关心内部结构采用何种门电路实现。比如，对于 **Y = A & B** 指令，根据表 4.2.2，它仅代表了 **Y、A、B** 之间满足与门的逻辑特性。然而对该语句进行逻辑综合时，其真正的内部结构是由 EDA 工具自行实现的，它既可能是一个与门，也可能是一个与非门和非门的组合，或是其他更复杂的结构。

4. FPGA 实验

在工程编译通过后，把生成的配置文件下载到小脚丫 FPGA 上。图 4.2.2 给出了建议的引脚分配。实验中可通过拨码开关及 LED 的结果来验证实验设计。

■ 图 4.2.2　在小脚丫 FPGA 上实现 1 位全加器的引脚分配

5. 课后练习

了解输出与输入信号间的逻辑关系后，采用数据流描述方式可以快速实现模块功能的描述。比如，已知某组合逻辑模块的逻辑表达式如下。

$$Y_1 = ACD$$
$$Y_2 = \overline{A}\,\overline{B}CD + A\overline{B}\,\overline{C} + BC$$
$$Y_3 = \overline{B}\,\overline{C}D + AB\overline{C}$$

这里将模块命名为 **test**，根据逻辑表达式可以看出该模块含有 4 路输入和 3 路输出，图 4.2.3 给出了该模块的端口定义。

任务一：采用数据流描述方式，完成以下代码中的空缺部分。

```
module test (
    input A, B, C, D,
    output Y3, Y2, Y1
);

    assign Y3 =                       ;
    assign Y2 =                       ;
```

```
    assign Y1 =                                        ;

    endmodule
```

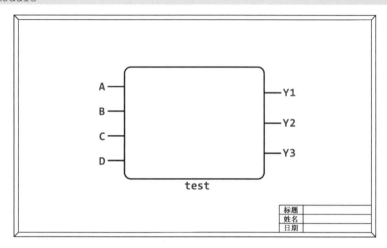

■ 图 4.2.3　练习图 1

任务二：完成 **test** 模块部分的真值表，见表 4.2.3。

表 4.2.3　练习表

A	B	C	D	Y3	Y2	Y1
0	0	1	0			
0	1	0	1			
1	0	0	1			
1	1	1	0			

任务三：将代码编译并烧录至 FPGA 中，根据图 4.2.4 判断两种情况下 LED1～LED3 对应的亮灭情况，与表 4.2.3 进行比对。

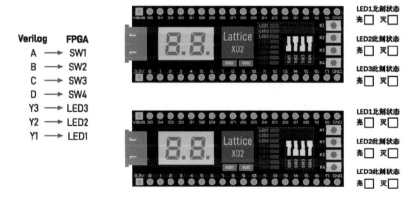

■ 图 4.2.4　练习图 2

4.3　实现 2-4 译码器

1. 实验任务

采用行为级描述方式用 Verilog 描述一个 2-4 译码器，并通过小脚丫 FPGA 的拨码开关和 LED 验证实验结果。

2. 实验原理

2-4 译码器包含 2 路输入和 4 路输出。表 4.3.1 是 2-4 译码器的真值表，各输出信号对应的逻辑表达式如下。

表 4.3.1　2-4 译码器的真值表

输入		输出			
A_1	A_0	Y_3	Y_2	Y_1	Y_0
0	0	0	0	0	1
0	1	0	0	1	0
1	0	0	1	0	0
1	1	1	0	0	0

$$Y_0 = \overline{A_1}\,\overline{A_0}$$

$$Y_1 = \overline{A_1}A_0$$

$$Y_2 = A_1\overline{A_0}$$

$$Y_3 = A_1 A_0$$

在 1.3 节中介绍了 2-4 译码器的原理，这里再次画出其硬件结构，如图 4.3.1 所示。通过 Verilog 对该模块进行描述时，采用门级描述或数据流描述方式都是可以接受的。本节介绍另一种抽象层级更高的描述方式——行为级描述方式。

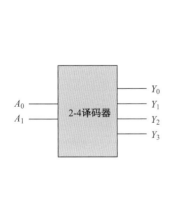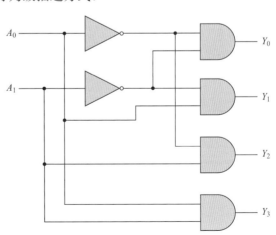

图 4.3.1　2-4 译码器的硬件结构

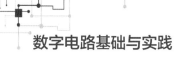

3. 代码设计

采用行为级描述方式时，只需要理解该模块的逻辑功能，就可以实现对该结构的硬件定义。比如，当用自然语言解读表 4.3.1 时，实际上就等同于以下的文字表达方式：

- 当 $A_1=0$，$A_0=0$ 时，Y_0 产生高电平，其余信号为低电平；
- 当 $A_1=0$，$A_0=1$ 时，Y_1 产生高电平，其余信号为低电平；
- 当 $A_1=1$，$A_0=0$ 时，Y_2 产生高电平，其余信号为低电平；
- 当 $A_1=1$，$A_0=1$ 时，Y_3 产生高电平，其余信号为低电平。

而行为级描述就是将上述内容以代码的形式"翻译"给编译器。

这里仍然从模块的基本定义开始。首先将该模块命名为 **decoder24**。由于该模块一共有 2 路输入和 4 路输出，按照此前的写法，在描述端口时应当写成：

```
module decoder24 (
    input wire A1, A0,
    output wire Y3, Y2, Y1, Y0
);
```

不过，对于含有多路信号的端口而言，可以采用一种更为简便和快捷的方式。比如，定义输入信号时可以写成：**input wire [1:0] A**，它代表 A 的位宽为 2，而其中每个变量分别为 **A[1]**，**A[0]**。除此之外，采用行为级描述方式时，输出信号的类型通常被定义为 **output reg**，在之后还会提及。对 **decoder24** 的端口定义参考代码如下。

```
module decoder24
(
    input      [1: 0] A,        //定义两位输入
    output reg [3: 0] Y         //定义输出的4位译码结果
) ;
```

行为级描述方式会采用 **always @ ( )** 块语句写法：

```
always @ (        ) begin
    //... 执行内容1
    //... 执行内容2
end
```

以上代码可以理解为：每当括号里的条件被触发时，块语句中的内容就会被执行。比如，**always @ (A)** 就意味着当信号变量 A 变化时，块语句中的内容就会被执行。代码 4.3 采用行为级描述方式构建了 2-4 译码器。

代码 4.3：采用行为级描述方式构建 2-4 译码器

```
module decoder24
  (
    input      [1: 0] A,        //定义两位输入
    output reg [3: 0] Y         //定义输出的4位译码结果
  ) ;

    always @ (A)                //always块语句，A值变化时执行一次过程块
  begin
    case (A)
```

```
            2'b00:  Y = 4'b0001;              //2-4译码结果
            2'b01:  Y = 4'b0010;
            2'b10:  Y = 4'b0100;
            2'b11:  Y = 4'b1000;
        endcase
    end
endmodule
```

以上除了 always 块语句，还用到了 case 块语句，后者也是一个条件触发的块语句。比如，当信号 **A** 等于 01 时，对应输出的结果 **Y3**、**Y2**、**Y1**、**Y0** 分别为 0、0、1、0。

代码中还有 **2'b00**、**4'b1000** 等写法。其中 **b** 代表二进制，**2'** 是位宽限制数，比如 **4'b** 代表该变量占用的位宽为 4。如果在 00 或 1000 前不加任何前缀，系统会将该数值理解为十进制数；如果不加位宽限制数，系统会按照默认的 32 位位宽处理。图 4.3.2 以 **A = 10** 赋值为例，给出了采用不同前缀的赋值效果。

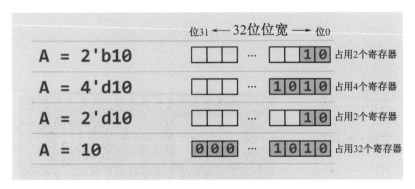

图 4.3.2　采用不同前缀的赋值效果

如果不加位宽限制数，则会造成不必要的寄存器资源浪费。如果位宽不够，则会造成数据的丢失。因此，在赋值时建议选用合适的二进制位宽。

4. FPGA 实验

以上行为级描述代码所生成的电路结构与图 4.3.1 中的门级结构是否相同？答案是：不一定。

HDL 代码至最终的二进制代码编译文件的转化过程是通过 EDA 工具实现的。行为级描述的抽象层级较高，因此这种方法有助于迅速定义模块的逻辑行为，但内部的布线方式未必会采用最优化的结构，从而造成 FPGA 内部逻辑资源的浪费。不过，对于本书内容而言，小脚丫 FPGA 的逻辑资源是绰绰有余的，这里更加偏重功能的实现。

参考图 4.3.3，在小脚丫 FPGA 上搭建一个 2-4 译码器。

按照图 4.3.4 中的 FPGA 配置进行实验，并通过实验结果验证 2-4 译码器。同时，还可以自行尝试图 4.3.2 中其他几种对输入信号 **A** 的赋值方法，并验证结果是否正确。

图 4.3.3　2-4 译码器的引脚分配

图 4.3.4　3 种状态下各个 LED 的亮灭情况

5. 课后练习

前面采用行为级描述方式实现了一个 2-4 译码器，因此完全可以采用同样的思路实现一个 2-4 编码器。2-4 编码器的真值表见表 4.3.2。

表 4.3.2　练习表 1

输入				输出	
I_3	I_2	I_1	I_0	Y_1	Y_0
0	0	0	1	0	0
0	0	1	X	0	1
0	1	X	X	1	0
1	X	X	X	1	1

该模块有 4 路输入和 2 路输出，如果在定义端口时采用如[3:0]I 的写法，那么在绘制模块的端口信号时也可以采用总线的方式表示，如图 4.3.5 所示。

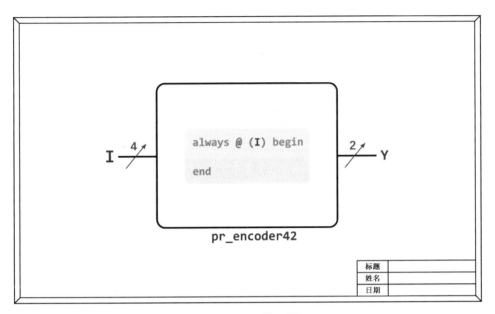

■ 图 4.3.5 练习图 1

任务一：采用行为级描述方式构建优先级 2-4 编码器 **pr_encoder24**，完成以下代码中的空缺部分。

```
module pr_encoder24 (
    input     [3: 0] I,
    output reg [3: 0] Y
);

always@ (  ) begin
    casez (  )          //注意，当真值表中有X选项时，可以使用 casez 块语句
        4'b0001: Y = 2'b 00;
        4'b001z: Y = 2'b  ;
        4'b01zz: Y = 2'b  ;
        4'b1zzz: Y = 2'b  ;
        default: Y = 2'b  ;
    endcase
end
endmodule
```

任务二：将以上代码编译后映射至小脚丫 FPGA 中，图 4.3.6 所示为引脚分配（注意，I0 匹配的是 SW4），通过 LED 的状态验证输出结果是否正确。

任务三：自行设计一个 8-3 编码器 **encoder83** 的 Verilog 代码。注意，二进制编码器与优先级编码器的区别，真值表见表 4.3.3。

完成代码后，采用与任务二相似的引脚分配将 8 路输入信号分别配置在 4 个拨码开关和 4 个按键上，在小脚丫 FPGA 上验证代码。

Verilog FPGA

I0 → SW4
I1 → SW3
I2 → SW2
I3 → SW1
Y1 → LED2
Y0 → LED1

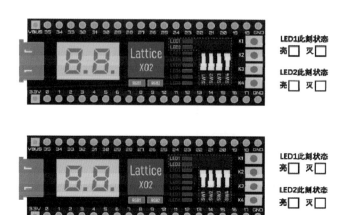

■ 图 4.3.6　练习图 2

表 4.3.3　练习表 2

I_7	I_6	I_5	I_4	I_3	I_2	I_1	I_0	Y_2	Y_1	Y_0
0	0	0	0	0	0	0	1	0	0	0
0	0	0	0	0	0	1	0	0	0	1
0	0	0	0	0	1	1	0	0	1	0
0	0	0	0	1	0	0	0	0	1	1
0	0	0	1	0	0	0	0	1	0	0
0	0	1	0	0	0	0	0	1	0	1
0	1	0	0	0	0	0	0	1	1	0
1	0	0	0	0	0	0	0	1	1	1

◎ 4.4　实现 3-8 译码器 ▶▶▶

1. 实验任务

在已有的 2-4 译码器基础上，利用模块化的设计思路在小脚丫 FPGA 上搭建一个 3-8 译码器，并利用 3 个拨码开关和 8 个 LED 验证实验结果。

2. 实验原理

与 2-4 译码器相比，3-8 译码器在实际应用场景中的使用频率更高。由于它可以控制 8 路输出信号，因此可以和许多 8 位单片机匹配。本实验将通过模块化的设计思路来介绍通过例化（调用）子模块的方式构建更高位数的译码器。该方法对于构建其他大型数字模块也同样有效。

3-8 译码器的真值表见表 4.4.1。其基本原理和 2-4 译码器一样，由于有 3 路输入，因此产生 $2^3 = 8$ 路输出。

表 4.4.1　3-8 译码器的真值表

输入			输出							
A_2	A_1	A_0	Y_7	Y_6	Y_5	Y_4	Y_3	Y_2	Y_1	Y_0
0	0	0	0	0	0	0	0	0	0	1
0	0	1	0	0	0	0	0	0	1	0
0	1	0	0	0	0	0	0	1	0	0
0	1	1	0	0	0	0	1	0	0	0
1	0	0	0	0	0	1	0	0	0	0
1	0	1	0	0	1	0	0	0	0	0
1	1	0	0	1	0	0	0	0	0	0
1	1	1	1	0	0	0	0	0	0	0

　　如果将以上真值表进行拆分,可以发现,一个 3-8 译码器实际上完全可以通过两个 2-4 译码器实现。在表 4.4.2 中,红色部分是一个具有使能信号 E 的 2-4 译码器,它负责对前 4 位译码;而黄色部分是另一个 2-4 译码器,它由反向使能信号 $\overline{E}$ 控制,并负责对后 4 位译码。

表 4.4.2　3-8 译码器与带有使能信号的 2-4 译码器真值表组合

E	A_1	A_0	Y_3	Y_2	Y_1	Y_0	Y_3	Y_2	Y_1	Y_0
0	0	0	0	0	0	0	0	0	0	1
0	0	1	0	0	0	0	0	0	1	0
0	1	0	0	0	0	0	0	1	0	0
0	1	1	0	0	0	0	1	0	0	0
1	0	0	0	0	0	1	0	0	0	0
1	0	1	0	0	1	0	0	0	0	0
1	1	0	0	1	0	0	0	0	0	0
1	1	1	1	0	0	0	0	0	0	0

　　图 4.4.1 所示为 3-8 译码器的硬件结构。可以看出,该结构由两个 2-4 译码器加一个反相器组成,因此只需要定义一个 2-4 译码器模块,就可以通过反复调用实现更多位数的译码器。

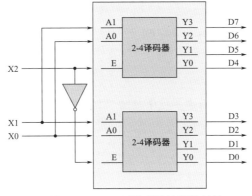

■ 图 4.4.1　3-8 译码器的硬件结构

由于上一个实验中已经构建了 2-4 译码器，接下来的代码会按照图 4.4.1 的结构，以模块化的方式搭建 3-8 译码器。

3. 代码设计

与此前一样，设计任何模块都需要从它的基本定义着手。将模块命名为 **decoder38**，并采用上一个实验的方法定义 3 个输入信号及 8 个输出信号。在进行模块化设计时，输出信号的类别均采用 **wire**。

```
module decoder38
(
    input wire  [2: 0] X,
    output wire [7: 0] D
) ;
```

接下来就是例化子模块的过程。这里的子模块实际上就是 4.3 节中设计的 **decoder24**。不过，还需要在原有的基础上添加一个使能信号 **input wire EN**。改进后的 **decoder24_en** 模块代码如下所示。注意，子模块的输出可以采用 **reg** 类型。

```
module decoder24_en  (
    input wire [1:0] A,              //定义2路输入信号
    input wire EN,                   //定义使能信号
    output reg [3:0] Y               //定义4路输出信号
) ;

always @  (EN, A)
begin
    if  (EN == 1'b1)                 //使能信号为1时，按照2-4译码器译码
        case  (A)
            2'b00: Y = 4'b0001;
            2'b01: Y = 4'b0010;
            2'b10: Y = 4'b0100;
            2'b11: Y = 4'b1000;
        endcase
    else                             //使能信号为0时，输出清零
        Y = 4'b0000;
end
endmodule
```

代码 4.4 是例化子模块 **decoder24_en** 的写法，在对应行分别给出了注释。其中，**upper** 和 **lower** 是例化模块后的命名。每次例化模块都可以对它任意命名，但整段代码中的命名不能重复。

代码 4.4：通过例化子模块构建 3-8 译码器

```
module decoder38
 (
  input wire  [2: 0] X,
  output wire [7: 0] D
 ) ;
```

```
/************例化第一个子模块，命名为upper***********/
decoder24_en upper (
    .A   (X[1: 0]),      //例化子模块时需要单独命名
    .EN  (X[2]),         //将X最高位连接至第一个子模块的使能信号
    .Y   (D[7: 4])
);
/************例化第二个子模块，命名为lower***********/
decoder24_en lower (
    .A   (X[1: 0]),      //下方的2-4译码器
    .EN  (!X[2]),        //将反向X最高位连接至第二个子模块的使能信号
    .Y   (D[3: 0])
);
endmodule
```

4. FPGA 实验

本实验使用了模块化的设计方式，在编译过程中可以采取两种方法。方法一是直接将所有子模块代码都写在一个文件内，如图 4.4.2 所示。

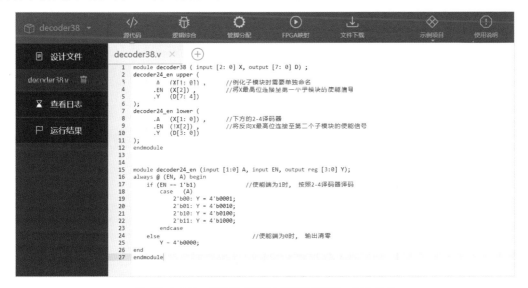

■ 图 4.4.2　将所有子模块代码都写在一个文件内

观察实验结果，改变三个输入拨码开关的状态，能控制 8 个 LED 的亮灭，因为小脚丫 FPGA 的 LED 控制是用的返逻辑，所以译码有效的 LED 会熄灭。

方法二是在一个工程目录下创建两个文件（图 4.4.3）。其中，**decoder38** 作为模块的直接端口定义需要被设置成顶层文件；另一个文件则是 **decoder24_en** 的子文件，也放置在同一个工程目录下。在逻辑综合时对顶层文件进行综合即可。

方法一的优点在于工程中只需要一个 Verilog 设计文件，对于行数较少的代码来说会方便阅读和进行代码移植。但是，当模块中含有大量子模块时，方法一的工程文件结构层级不明显，不利于排查错误。方法二尽管需要创建多个设计文件，但对于较为复杂的模块，其层级结构可以帮助我们迅速了解电路功能构成。

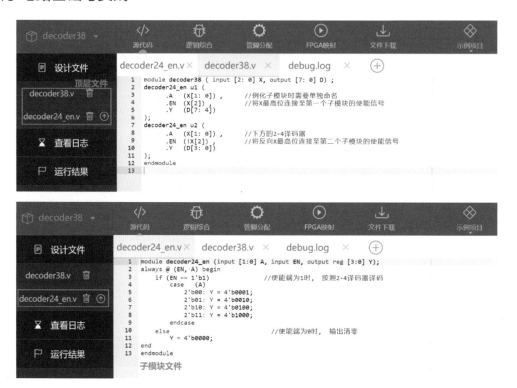

图 4.4.3　创建两个文件

5. 课后练习

如果 3-8 译码器可以由两个 2-4 译码器组成，就意味着一个 4-16 译码器可以由两个 3-8 译码器组成。4-16 译码器的模块化结构图如图 4.4.4 所示。

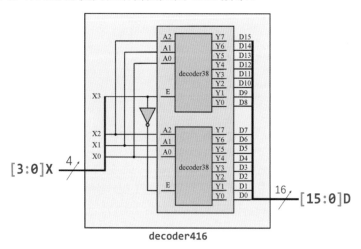

图 4.4.4　练习图 1

这里首先要给出 `decoder416` 的端口定义，并完成此后的任务：

```
module decoder416 (
    input wire [3: 0]      X,
    output wire [15: 0]      D
```

```
    );
```

任务一：首先确保其中带使能信号的 3-8 译码器子模块 **decoder38_en** 可以正常运行。根据图 4.4.5 所示的模块定义，在下方补充代码空缺部分。

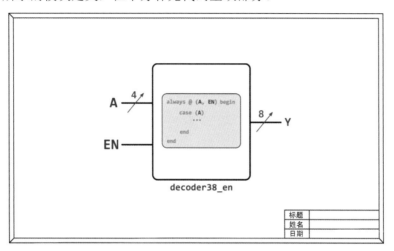

■ 图 4.4.5　练习图 2

```
module decoder38_en (
    input [  :  ] A,
    input EN,
    output reg [  :  ] Y
);
always @ (EN, A) begin
    if (EN ==  )
        case (A)
            3'b000: Y = 8'b0000_0001;
            3'b001: Y = 8'b0000_0010;
            3'b   : Y = 8'         ;
            3'b   : Y = 8'         ;
            3'b   : Y = 8'         ;
            3'b   : Y = 8'         ;
            3'b   : Y = 8'         ;
            3'b   : Y = 8'         ;
        endcase
    else
        Y = 8'b0000_0000;
end
endmodule
```

任务二：确保 **decoder38_en** 代码正确后，参考图 4.4.5 及连接关系，将以下代码中的空缺部分补全。

```
module decoder416 (
    input wire [  :  ]  X,
    output wire [  :  ]  D
);
```

```
decoder38_en u1 (
    .A   (X[  :  ]),
    .EN  (X[  ]),
    .Y   (D[  :  ])
);
decoder38_en u2 (
    .A   (X[  :  ]) ,
    .EN  (!X[  ]),
    .Y   (D[  :  ])
);
endmodule
```

任务三：由于 4-16 译码器有 16 路输出，板上的 8 个 LED 不够用。小脚丫 FPGA 上还有 36 个外部通用 I/O 端口（采用 3.3V 高电平），可用于控制外接的 8 个 LED，如图 4.4.6 所示。

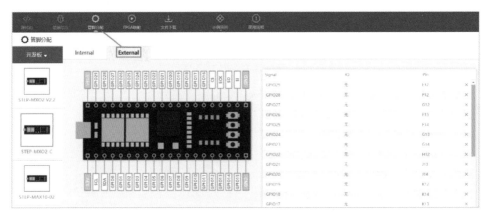

■ 图 4.4.6　练习图 3

在面包板上搭建简易的 8 个 LED（注意要加上限流电阻）并连接至小脚丫 FPGA。完成引脚分配后自行验证实验结果。

◎ 4.5　控制 7 段数码管 ▶▶▶

1. 实验任务

理解数码管的显示和驱动原理，并在小脚丫 FPGA 板载数码管上显示出数字 0～9 和字母 A～F。

2. 实验原理

数码管是工程设计中广泛使用的一种显示输出元件。一个 7 段数码管由 a、b、c、d、e、f、g 位段和表示小数点的 dp 位段组成。数码管的各个位段是由 LED 组成的，控制每个 LED 点亮或熄灭以实现数字显示。通常，数码管分为共阳极数码管和共阴极数码管，其结构如图 4.5.1 所示。

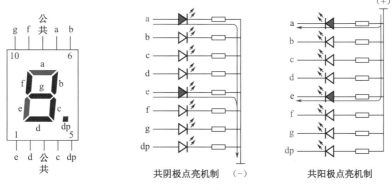

共阴极点亮机制　（-）　　　　共阳极点亮机制

■ 图 4.5.1　7 段数码管的结构

共阴极数码管的信号端高电平有效，而共阳极数码管的信号端低电平有效。当共阴极数码管公共端接低电平/地时，只要在各个位段上加上相应的高电平信号就可以使相应的位段发光。比如，要使一个共阴极数码管的 a 位段发光，在 a 位段信号端加上高电平即可（图 4.5.2）。

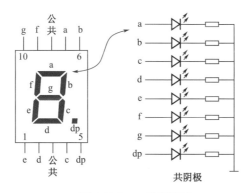

共阴极

■ 图 4.5.2　a 位段发光

小脚丫 FPGA 上用的是共阴极数码管，它可以显示数字 0～9 及字母 A～F，共计 16种选择。回顾前两个译码器实验后可以得知，控制一个 16 路输出信号的端口只需要 4 路输入信号即可实现。当然，与常规 4-16 译码器的真值表有所不同，点亮 7 段共阴极数码管需要采用其固有的译码方式，见表 4.5.1。这种对应关系的列表也称查找表（Look-Up Table，LUT），在代码中还会见到。

表 4.5.1　7 段共阴极数码管的查找表

输入码（二进制格式）				输出码（二进制格式）							显示字型
A3	A2	A1	A0	g	f	e	d	c	b	a	
0	0	0	0	0	1	1	1	1	1	1	0
0	0	0	1	0	0	0	0	1	1	0	1
0	0	1	0	1	0	1	1	0	1	1	2
0	0	1	1	1	0	0	1	1	1	1	3
0	1	0	0	1	1	0	0	1	1	0	4

续表

输入码（二进制格式）				输出码（二进制格式）							显示字型
A3	A2	A1	A0	g	f	e	d	c	b	a	
0	1	0	1	1	1	0	1	1	0	1	5
0	1	1	0	1	1	1	1	1	0	1	6
0	1	1	1	0	0	0	0	1	1	1	7
1	0	0	0	1	1	1	1	1	1	1	8
1	0	0	1	1	1	0	1	1	1	1	9
1	0	1	0	1	1	1	0	1	1	1	A
1	0	1	1	1	1	1	1	1	0	0	B
1	1	0	0	0	1	1	1	0	0	1	C
1	1	0	1	1	0	1	1	1	1	0	D
1	1	1	0	1	1	1	1	0	0	1	E
1	1	1	1	1	1	1	0	0	0	1	F

3. 代码设计

采用行为级描述对于实现数码管的查找表功能显然是最合理的选择。在代码中，可以采用 always 及 case 块语句的方式实现查找表的功能。输出端口 **segment_led** 按照最高位 （MSB）至最低位（LSB）的方式依次对应数码管的 9 个引脚。由于公共端 SEG 信号始终为低电平，且本例中无须显示小数点，因此 dp 信号为 0。于是可以将 LUT 的内容写入 case 块语句中。代码 4.5 为控制 7 段共阴极数码管的完整代码。

代码 4.5：控制 7 段共阴极数码管

```verilog
module segment7
(
    input  wire [3:0] seg_data,        //4位输入信号
    output reg  [8:0] segment_led
    //数码管，MSB~LSB = SEG, dp, g, f, e, d, c, b, a
);
always @ (seg_data) begin
    case (seg_data)
        4'b0000: segment_led = 9'h3f;  // 0
        4'b0001: segment_led = 9'h06;  // 1
        4'b0010: segment_led = 9'h5b;  // 2
        4'b0011: segment_led = 9'h4f;  // 3
        4'b0100: segment_led = 9'h66;  // 4
        4'b0101: segment_led = 9'h6d;  // 5
        4'b0110: segment_led = 9'h7d;  // 6
        4'b0111: segment_led = 9'h07;  // 7
        4'b1000: segment_led = 9'h7f;  // 8
        4'b1001: segment_led = 9'h6f;  // 9
        4'b1010: segment_led = 9'h77;  // A
        4'b1011: segment_led = 9'h7C;  // B
```

```
            4'b1100: segment_led = 9'h39;   // C
            4'b1101: segment_led = 9'h5e;   // D
            4'b1110: segment_led = 9'h79;   // E
            4'b1111: segment_led = 9'h71;   // F
        endcase
    end
endmodule
```

4. FPGA 实验

将以上代码逻辑综合后就可以对小脚丫 FPGA 进行引脚分配了。根据图 4.5.3，采用 4 路拨码开关作为输入控制信号，并将 **segment_led[0]**～**segment_led[6]** 依次分配至数码管的 a～g 位段，**segment_led[7]** 分配至 dp 位段，用于控制小数点，**segment_led[8]** 分配至 dig，用于控制公共端。

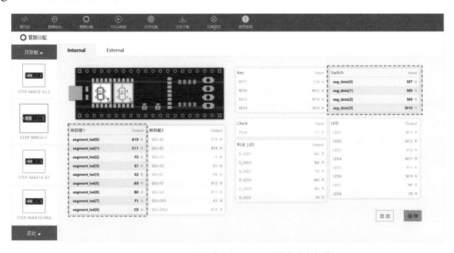

■ 图 4.5.3　对小脚丫 FPGA 进行引脚分配

完成引脚分配后，将编译后的 FPGA 映射文件烧录至开发板中，通过拨动拨码开关来验证显示是否正确。作为扩展练习，读者还可以自行尝试将小脚丫 FPGA 的另外 4 个按键作为输入来控制板上另一个数码管的显示。

5. 课后练习

小脚丫 FPGA 上有两个板载数码管，练习中需要同时显示两个字符：F、4，其中 4 个拨码开关可用于控制左侧数码管，4 个按键可用于控制右侧数码管，如图 4.5.4 所示。

■ 图 4.5.4　练习图 1

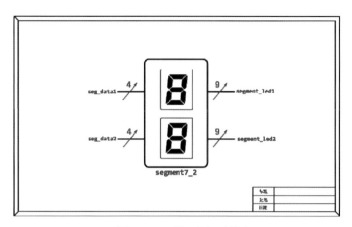

■ 图 4.5.4 练习图 1（续）

任务一：根据以上两位数码管的模块定义，采用模块化的写法对单个数码管进行两次例化，补全以下代码中 **u2** 模块空缺的部分。注意模块间各信号连线之间的对应关系。

```verilog
module segment7_2 (
    input  wire [7:0] seg_data_2,
    output wire  [17:0] segment_led_2
);

segment7 u1 (
    .seg_data (seg_data_2[ 7 : 4 ]),
    .segment_led(segment_led_2[ 17 : 9 ])
);

segment7 u2 (
    .seg_data (seg_data_2[   :   ]),
    .segment_led(segment_led_2[   :   ])
);
endmodule
```

进行引脚分配时也要注意各信号对应的关系，如图 4.5.5 所示。

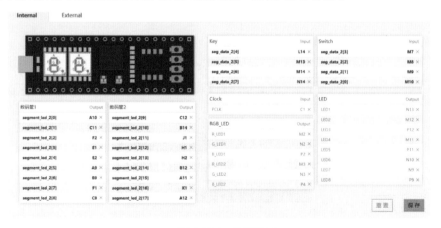

■ 图 4.5.5 练习图 2

任务二：控制一组由 4 个数码管组成的显示模块，模块定义如图 4.5.6 所示。本次仍采用模块化设计的方法，根据端口定义，将以下代码补全。

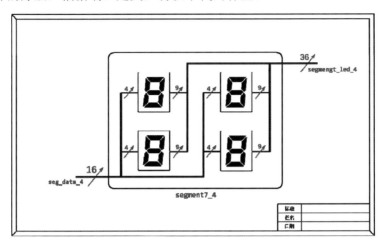

■ 图 4.5.6 练习图 3

```verilog
module segment7_4 (
    input  wire [   :   ] seg_data_4,
    output wire [   :   ] segment_led_4
);
segment7 u1 (
    .seg_data (seg_data_4[   :   ]),
    .segment_led(segment_led_4[   :   ])
);
segment7 u2 (
    .seg_data (seg_data_4[   :   ]),
    .segment_led(segment_led_4[   :   ])
);
segment7 u3 (
    .seg_data (seg_data_4[   :   ]),
    .segment_led(segment_led_4[   :   ])
);
segment7 u4 (
    .seg_data (seg_data_4[   :   ]),
    .segment_led(segment_led_4[   :   ])
);
endmodule
```

◎ 4.6 生成计数器 ▶▶▶

1. 实验任务

利用计数器产生的延时功能，将小脚丫 FPGA 上的 4 个 LED 依次点亮。每两个 LED

点亮的间隔时间为 1 秒。

2. 实验原理

计数器是时序逻辑电路中一个重要的模块，在 FPGA 实验中，几乎所有与时间相关的应用都离不开计数器。对于人类而言，衡量时间的常用单位是秒、分钟、小时等。假如有一个以秒作为时钟单位的计数器，那么不论是 3 分钟 14 秒、7 小时 28 分钟还是 3 天 9 小时等，都可以通过计数器的读秒来掌握时间。不过这里需要考虑两个问题：

- 对于比秒更小的时长，如毫秒、微秒等，该计数器无法准确测量；
- 如果该计数器的计数范围有限，则无法测量超出计数范围的部分。

事实上，对于 FPGA 或其他时序逻辑电路而言，判定时间的方法和上述计数器的方法几乎一样，有所不同的是，FPGA 的最小时钟单位（也称系统时钟）周期远远小于 1 秒。数字模块的时钟信号都是如图 4.6.1 所示的方波信号。通过计算数字时钟信号的次数，就可以推算出对应的时间。

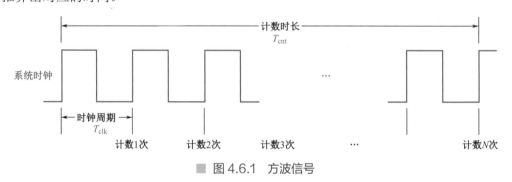

■ 图 4.6.1 方波信号

由图 4.6.1 不难看出，在时序逻辑电路模块中，时间是由计数时长 T_{cnt} 决定的，因此在数字模块中计算一段时间长度的方法如下：

$$T_{cnt} = T_{clk} \times N$$

其中，时钟周期 T_{clk} 是该系统最小的时间单位，N 为计数次数。

在许多开发板或时序逻辑电路模块中，系统时钟是由晶振提供的。晶振是一种由石英制成的电子元件，当它的两端产生一定的电压差时，就会以高精度的固定频率振荡。小脚丫 FPGA 均采用 12MHz 的晶振，因此对应的系统时钟周期为 1/12MHz，约为 83.3 纳秒。

回到本实验的任务：以 1 秒的间隔依次点亮 4 个 LED。也就是说，通电后，LED1 在第 1 秒点亮，LED2 在第 2 秒点亮，LED3 在第 3 秒点亮，LED4 在第 4 秒点亮。根据时长计算公式，可以将秒数转化成对应的计数次数 N，见表 4.6.1。

表 4.6.1 不同计时长度下计数器的计数范围和位宽

时间	计数次数 N	N 的二进制码	N 的二进制位宽
1s	12 000 000	101101110001101100000000	24
2s	24 000 000	1011011100011011000000000	25
3s	36 000 000	10001001010101000100000000	26
4s	48 000 000	10110111000110110000000000	26

除了定义 N，还需要为计数器预留足够的位宽空间。在本例中，计数器位宽应当至少为 26 位。26 位位宽的数据的最大容量为 2^{26}，即 67 108 864。因此，该计数器的计数范围约为 5.6s（67 108 864/12 000 000）。综合以上信息，整个点亮过程如图 4.6.2 所示。

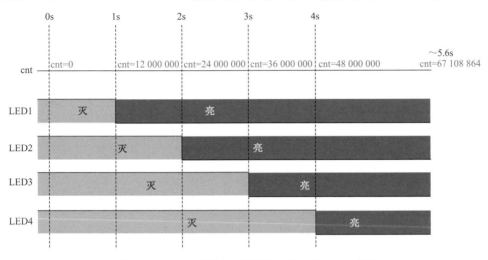

■ 图 4.6.2　利用计数器控制 4 路 LED 先后点亮

3. 代码设计

下面通过代码实现以上内容。首先是模块的基本定义。由于需要点亮 4 个 LED，因此需要 4 路输出信号。但是，输入信号是什么呢？

在此前的组合逻辑电路实验中，输入信号都是手动控制的，因此需要借助拨码开关或按键来控制输入信号。而在本实验的时序逻辑电路中，所有输出状态的改变都是以时间作为参考的，因此该模块必须含有一个时钟输入信号。除此之外，还定义了一个输入信号 **rst_n** 用于计数器的手动重置。

```
module LED_sequence  (
    input      clk,            //时钟输入信号
    input      rst_n,          //重置信号
    output     [3:0] led
)  ;
```

接下来就是描述计数器的部分。计数器本质上就是将输入的基准时钟信号转化成对应的时间信号，因此是一个内部模块。根据原理描述，计数器的位宽为 26 位，于是有 **reg [25: 0] cnt**。而 4 个时间节点都可以通过数据类型 **parameter** 定义，它代表参数型常量，常用于定义计数器的计数范围和位宽。

```
reg [25: 0] cnt;                      //计数器的总容量
parameter t_1s = 12_000_000;          //计数到1秒时所需的计数次数
parameter t_2s = 24_000_000;          //       ...2秒
parameter t_3s = 36_000_000;          //       ...3秒
parameter t_4s = 48_000_000;          //       ...4秒
```

计数器的工作逻辑非常简单：系统开始运行后，每当系统时钟信号 **clk** 开始振荡时，计数器 **cnt** 累计加 1；当重置键 **rst_n** 被按下时，计数器清零，直至重置键被松开后重新

计数。通过行为级描述方式，上述语句可以被转化成以下代码。

```
always @ (posedge clk) begin    // posedge为上沿触发，negedge为下沿触发
    if  (!rst_n)
        cnt <= 0;
    else
        cnt <= cnt + 1'b1;
end
```

always 块语句中对 **cnt** 的赋值符号为<=，该符号代表非阻塞赋值。阻塞赋值与非阻塞赋值是 Verilog 中常被混淆的两个概念，总而言之：当 **always** 块语句用于描述时序逻辑时，其内部的赋值均采用非阻塞赋值的方式。

除此之外，在以上代码中还有 **posedge** 指令。它代表了上沿触发。也就是说，只有当系统时钟从低电平升至高电平时，**always** 块语句里的内容才会被执行。与之对应的还有 **negedge**，即下沿触发。上沿触发和下沿触发的原理基本相同，两者存在半个系统时钟周期的相位差，如图 4.6.3 所示。

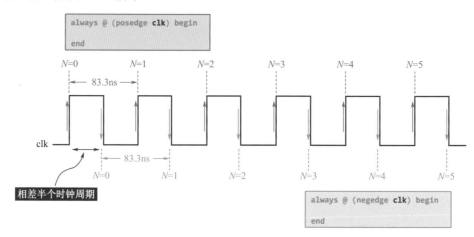

图 4.6.3　上沿触发与下沿触发存在半个系统时钟周期的相位差

以上代码可以生成一个模块内部的计数器，它每隔 83.3ns（1/12MHz）计数一次，最大时长约为 5.6s。同时，分别在第 1 秒至第 4 秒处设置了时间标签 **t_1s**、**t_2s**、**t_3s**、**t_4s**。因此，代码的最后一步就是让 4 个 LED 分别在各自的时间标签处点亮。此时，最快捷的方法是采用条件赋值，参考以下句式：

```
assign Y = (condition) ? value1 : value0;
```

在以上句式中，**condition** 为判断条件。如果判断的结果为真，则 **Y** 的赋值等于 **value1**；如果判断结果为假，则 **Y** 的赋值等于 **value0**。以下代码片段通过条件赋值完成了 4 个 LED 的定义。

```
assign led{0} = (cnt < t_1s) ? 1 : 0;
assign led{1} = (cnt < t_2s) ? 1 : 0;
assign led{2} = (cnt < t_3s) ? 1 : 0;
assign led{3} = (cnt < t_4s) ? 1 : 0;
```

代码 4.6 将以上所有片段整合，构成了本实验的代码。

代码 4.6：利用 4 个计数器分别控制 4 个 LED 的亮灭时间

```
module LED_sequence  (
    input       clk,                // 时钟输入信号
    input       rst_n,              // 重置信号
    output      [3:0] led
) ;

    reg [25: 0] cnt;                // 计数器的总容量
    parameter t_1s = 12_000_000,    // 计数到1秒时所需的计数次数
          t_2s = 24_000_000,        //        ...2秒
          t_3s = 36_000_000,        //        ...3秒
          t_4s = 48_000_000;        //        ...4秒

    always @ (posedge clk)  begin   // posedge为上沿触发，negedge为下沿触发
        if  (!rst_n)
            cnt <= 0;
        else
            cnt <= cnt + 1'b1;
    end

    assign led[0] = (cnt < t_1s) ? 1 : 0;
    assign led[1] = (cnt < t_2s) ? 1 : 0;
    assign led[2] = (cnt < t_3s) ? 1 : 0;
    assign led[3] = (cnt < t_4s) ? 1 : 0;

endmodule
```

4. FPGA 实验

在进行引脚分配时，将输入信号 **clk** 分配至小脚丫 FPGA 的板载系统时钟信号 C1 引脚，如图 4.6.4 所示。对于不同版本的 FPGA 开发板，该引脚的位置可能会改变，因此在进行引脚分配时需要确保选择正确的开发板型号。

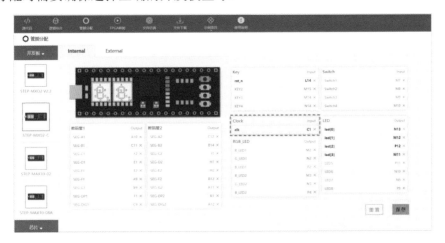

图 4.6.4　将输入信号 clk 分配至板载系统时钟信号 C1 引脚

将映射文件烧录进 FPGA，并观察实验现象。通过按键 K1 可以将计数器重置，可以根据秒表来对比实验结果。

本实验可以更具体地体现行为级描述方式的优势。比如，在理论部分介绍了许多计数器，如纹波计数器、环形计数器、扭环形计数器等。这些模块都有各自的优缺点，且全部可以通过基础的门电路实现。比如在图 4.6.5 所示的 CircuitJS 仿真示例电路中，实现一个 8 位纹波计数器需要 8 个 JK 触发器，每个触发器又由若干门电路组成。如果要实现本例中的 26 位位宽的计数器，采用门级描述方式的复杂程度可想而知。

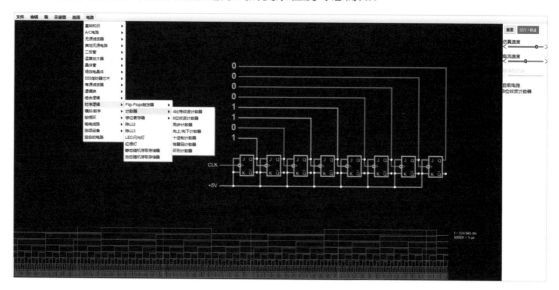

■ 图 4.6.5　CircuitJS 仿真示例电路

而在行为级描述中，计数过程实质上就是一个递进的过程，因此仅通过 **cnt <= cnt + 1'b1** 语句就可以将它的行为准确表达，而内部的复杂逻辑综合则交由 EDA 软件实现。得益于 HDL、FPGA 与 EDA 软件的强大组合，我们可以"站在巨人的肩膀上"实现电路功能的快速开发和验证。

5. 课后练习

本次练习任务将结合时序逻辑电路中的 D 触发器电路，并利用计数器产生的延时实现如图 4.6.6 所示的模块 **delay_dff**。

图 4.6.6 中的模块包含两部分：第一部分是常规 D 触发器 **dff**，它的输入信号可接至拨码开关 SW1，而触发信号接至按键 K1。通过行为级描述方式可以很容易地生成一个常规 D 触发器，如下所示：

```
module dff(input clk, D, output reg Q);
    always @ (posedge clk) begin
        Q <= D;
    end
endmodule
```

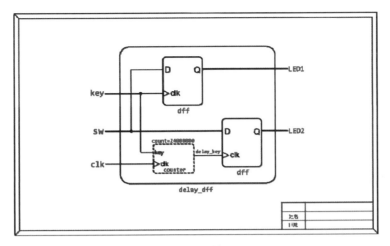

■ 图 4.6.6　练习图 1

任务一：在小脚丫 FPGA 上验证 D 触发器的逻辑功能（图 4.6.7）。注意，在进行引脚分配时选用了按键作为触发条件，以便于观察状态改变的顺序。

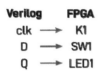 

■ 图 4.6.7　练习图 2

任务二：在实现 D 触发器功能后，还需要生成另一个带有延时功能的触发器，具体要求如下：当按键 K1 被按下后，SW1 当前的状态会被即时送至 LED1，并在延迟 2 秒后被送至 LED2。补全以下代码：

```verilog
module delayed_dff (input clk, key, sw, output led1, led2);
reg [   :   ] cnt;
reg delay_key;

dff u1 (key, sw, led1);
dff u2 (delay_key, sw, led2);
always @(posedge clk)
    if (!key) begin
        cnt <= 0;
        delay_key <= 0;
    end
    else if (cnt ==       ) begin
        cnt <= 0;
```

数字电路基础与实践

```
        delay_key <= 1;
    end
    else begin
        cnt <= cnt + 1;
        delay_key <= delay_key;
    end
endmodule


module dff(input clk, D, output reg Q);
    always @ (posedge clk) begin
        Q <= D;
    end
endmodule
```

任务三：在 1.4 节中介绍了计数器的自启动功能，图 4.6.8 中通过一个 3 输入或非门就可以实现环形计数器的自启动功能。

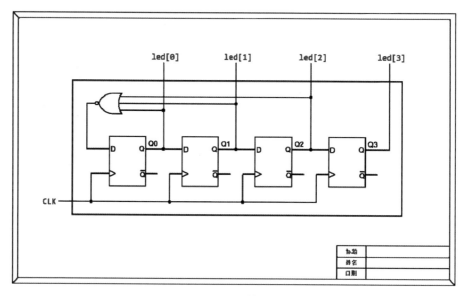

■ 图 4.6.8　练习图 3

将以下代码空缺处补全，注意，这里加入了中间变量 **x** 作为 3 输入或非门的输出信号。

```
module ripple4_fb (
    input clk,
    output [3:0] led
);
wire x;
nor (x,    ,    ,    );

dff u1 (clk,    , led[0]);
dff u2 (clk, led[0], led[1]);
dff u3 (clk, led[1], led[2]);
dff u4 (clk, led[2], led[3]);
```

```
endmodule

module dff(input clk, D, output reg Q);
    always @ (posedge clk) begin
        Q <= D;
    end
endmodule
```

参考图 4.6.9 中的引脚分配，将编译好的自启动计数器代码烧录至小脚丫 FPGA 中并观察现象。注意，本实验中的按键 K1 并未经过消抖处理，因此在操作中会存在状态的误触发。

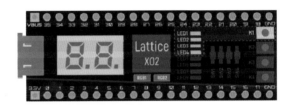

■ 图 4.6.9　练习图 4

◎ 4.7　利用计数器实现分频 ▶▶▶

1. 实验任务

在小脚丫 FPGA 上实现一个任意整数倍的分频模块，通过该模块产生 1Hz 的频率，并通过 LED 的闪烁验证结果。

2. 实验原理

FPGA 的系统时钟频率是由晶振产生的固定振荡频率。系统时钟频率可以提供一个频率参考基准，而需要生成其他不同频率时就会用到分频或倍频技术。分频就是通过除法关系降低基准频率，比如 2kHz 的信号经过 2 倍分频后就是 1kHz。所有低于系统时钟频率（12MHz）的信号都会用到分频技术，因此它也是 FPGA 中非常重要的技术之一。

分频包括整数倍分频和非整数倍分频，两者的区别在于除数是整数还是小数。本节主要介绍整数倍分频。分频本质上就是利用计数器延缓高低电平的翻转速度，从而使得生成的信号频率低于系统时钟频率。图 4.7.1 给出了偶数倍分频的信号，这里的计数器 cnt 采用了上沿触发。

通过仔细观察分频信号的规律可以发现：2 倍分频的翻转间隔为 1 次计数，4 倍分频的翻转间隔为 2 次计数，6 倍分频的翻转间隔为 3 次计数。因此，对于任意偶数倍分频，翻转间隔应当是 $N/2$ 次计数。小脚丫 FPGA 的系统时钟频率为 12MHz，因此生成 1Hz 的信号需要对系统时钟分频 12 000 000 倍，翻转间隔为 6 000 000 次计数。

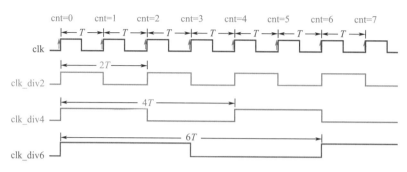

■ 图 4.7.1　偶数倍分频的信号

奇数倍分频也可以采用上述方法，但结果就是无法实现 50% 的占空比。占空比指的是在一个方波信号的周期中，高电平时长在总周期时长中的占比。50% 的占空比就意味着高低电平占比相同。关于占空比的实际应用会在第 5 章中介绍。

以图 4.7.2 中的 3 倍分频为例，假如翻转间隔设置在 **cnt=1** 处，则高电平时长为 T，而周期为 $3T$，因此占空比为 1/3；如果设置在 **cnt=2** 处，则占空比为 2/3。因此总会产生半个系统时钟周期的相位偏差。

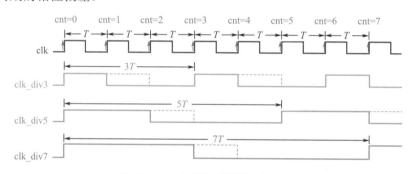

■ 图 4.7.2　对系统时钟进行奇数倍分频

对于分频倍数较小（如 3 倍、5 倍等）的应用来说，半个系统时钟周期对占空比的影响较大，当倍数变大时则可以忽略不计。从表 4.7.1 中可以看到，当分频 99 倍时，占空比几乎等于 50%。本实验需要的分频倍数远大于 99 倍，因此实际中不会对结果造成影响。

表 4.7.1　不同奇数分频倍数对占空比的影响

奇数分频倍数	占空比
3 倍	$1/3 \approx 33.3\%$
5 倍	$2/5 = 40\%$
7 倍	$3/7 \approx 42.9\%$
9 倍	$4/9 \approx 44.4\%$
99 倍	$49/99 \approx 49.5\%$

3. 代码设计

根据上述原理，在小脚丫 FPGA 上产生 1Hz 的频率需要用到一个计数范围为 12 000 000 次的计数器，而该计数器至少需要 24 位位宽。先对本实验的分频模块 **divider1** 完成端口和计数器定义：

```
module divider1 (
    input        clk,
    input        rst_n,
    output       clkout
) ;

parameter    N = 12_000_000;
reg          [23:0] cnt;
```

接下来采用行为级描述方式定义分频计数器。下面代码中的 always @ (posedge **clk** or negedge **rst_n**) 代表块语句可由括号内任意一个条件触发。计数器在计到第 **N** 次时停止，并在 **clk** 的下一次上沿触发后再次从 0 开始计数。

```
always @ (posedge clk or negedge rst_n) begin
    if (!rst_n)                          //重置键被按下后，计数器清零
        cnt <= 1'b0;
    else if (cnt == (N-1))               //计数到12000000时清零
        cnt <= 1'b0;
    else                                 //未计满时递进
        cnt <= cnt + 1'b1;
end
```

最后，采用条件赋值语句将高低电平的翻转间隔设定在 **N/2** 处。

```
assign clkout = (cnt < N/2) ? 1'b1:1'b0;
endmodule
```

在模块中加入传导参数可以改善代码的可读性及可调用性。比如，以上代码中的 **divider1** 模块只能产生 1Hz 的输出信号，而生成其他频率的输出信号则需要重新修改代码。事实上，设定分频倍数时只需要考虑计数器的计数范围 N 和位宽 WIDTH 这两个参数，而其余代码都是一致的。因此在模块定义时，这两个参数可以通过 #(parameter N, parameter WIDTH) 被定义为传导参数。当调用该模块时，仅需要修改传导参数里的内容就可以对整个模块重新定义。完整的 Verilog 语法可参考代码 4.7。

代码 4.7：带有传导参数的整数倍分频模块

```
module divider_integer # (                   //定义传导参数
    parameter    WIDTH = 24,                 //计数器位宽
    parameter    N     = 12000000            //计数器计数范围
)
(
    input clk,
    output reg clkout
);
reg [WIDTH-1:0] cnt;
always @ (posedge clk) begin
    if(cnt>=(N-1))
        cnt <= 1'b0;
    else
```

```
        cnt <= cnt + 1'b1;
      clkout <= (cnt<N/2)?1'b1:1'b0;
   end
   endmodule
```

4. FPGA 实验

将代码4.7进行逻辑综合并映射至小脚丫FPGA上就可以产生1Hz的输出信号 **clkout**，将该信号分配至任意 LED 就可以使其闪烁。除满足实验要求以外，还可以通过模块化设计同时生成多个其他频率的模块，比如以下代码中设置的顶层模块文件 **divider_top**，通过调用两次分频模块，可以分别生成 2Hz 和 0.5Hz 的方波信号。

```
module divider_top  (
   input   wire  clk,
   input   wire  rst_n,
   output  wire  led_2hz,
   output  wire  led_05hz
) ;

//分频6000000倍，产生2Hz输出信号
divider_integer #  (.WIDTH (24), .N (6_000_000) ) clk_2hz (
   .clk     (clk),
   .clkout    (led_2hz)
) ;
//分频24000000倍，产生0.5Hz输出信号
divider_integer #  (.WIDTH (24), .N (24_000_000) ) clk_05hz (
   .clk     (clk),
   .clkout    (led_05hz)
) ;

endmodule
```

在本书中，利用时钟分频可以将系统时钟频率降低，因此当采用慢速时钟作为触发条件时，就可以观察模块中信号的变化过程。在接下来的课后练习中将通过慢速时钟观察信号在移位寄存器模块中的变化。

5. 课后练习

根据 4 位移位寄存器结构，本次练习将在小脚丫 FPGA 上观察数据的移位，这就需要将时钟频率降至可观察的范围内。首先根据 4 位移位寄存器的结构特点，画出模块的端口定义，如图 4.7.3 所示。

如不采用分频，直接构建以上模块，则有：

```
module shift4 (
   input clk,
   input dataIn,
   output [3:0] led
);
dff u1 (clk, dataIn, led[0] );
```

```
    dff u2 (clk, led[0], led[1] );
    dff u3 (clk, led[1], led[2] );
    dff u4 (clk, led[2], led[3] );
    endmodule
```

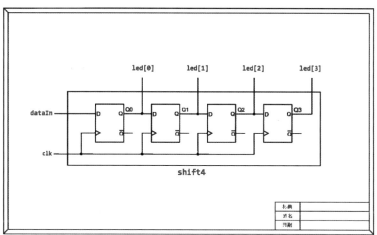

■ 图 4.7.3　练习图 1

任务一：如果直接将以上代码编译后烧录至小脚丫 FPGA 中，则无法观察到数据移位的效果。下面将利用分频，将系统的触发时钟频率将至 1Hz，进而生成慢速的移位寄存器模块 **shift4_slow**（图 4.7.4）。

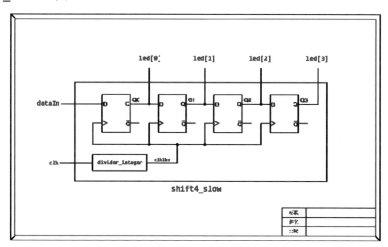

■ 图 4.7.4　练习图 2

将 **shift4_slow** 模块的 Verilog 代码补全，通过同样的引脚配置在小脚丫 FPGA 上，观察现象。注意，以下模块还需要加入分频模块的代码才可以运行。

```
module shift4_slow (
    input clk, rst_n,
    input dataIn,
    output [3:0] led
);
```

```
wire clk1hz;
divider_integer # (.WIDTH (   ),.N (        )) u0(
    .clk      (     ),
    .clkout   (    )
);
dff u1 (clk1hz,     ,    );
dff u2 (clk1hz,     ,    );
dff u3 (clk1hz,     ,    );
dff u4 (clk1hz,     ,    );
endmodule
```

任务二：按照图 4.7.5 所示模块结构，在小脚丫 FPGA 上搭建一个 8 位移位寄存器，并采用可以观察的时钟触发频率。

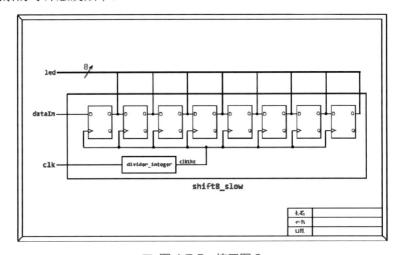

■ 图 4.7.5 练习图 3

任务三：此前的结构采用了串行输入、并行输出方式，在图 4.7.6 中画出 4 位移位寄存器，要求采用串行输入、串行输出的结构。

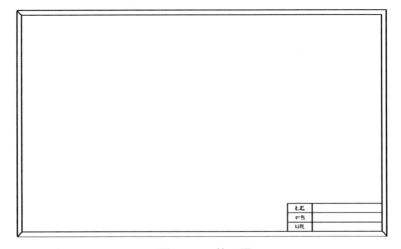

■ 图 4.7.6 练习图 4

4.8　机械按键的消抖

1. 项目任务

机械按键在断开与闭合时，由于内部弹片的作用，会使信号在短时间内伴随一连串的抖动，造成系统不稳定。本实验的任务是通过软件的方式对机械按键进行消抖。

2. 实验原理

机械按键在断开或闭合时产生的抖动如图 4.8.1 所示。

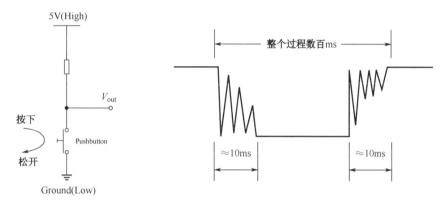

■ 图 4.8.1　机械按键在断开或闭合时产生的抖动

解决这一现象的技术手段称为按键消抖。按键消抖还可分为硬件消抖和软件消抖。硬件消抖是通过在开关的两端并联一个电容，利用电容充放电时产生的延迟使抖动变得平缓。而软件消抖是利用代码的设计使得系统"忽略"机械按键产生的抖动，如图 4.8.2 所示。

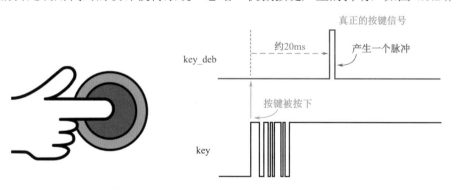

■ 图 4.8.2　利用延时忽略抖动达到软件消抖的目的

由于按键产生的抖动通常在 10ms 之内，因此只需要生成一个用于系统判断的触发条件，就可以确保任何短暂的抖动都会被系统忽略。比如，图 4.8.3 中采用一个 20ms 周期的时钟作为触发条件，就可以确保在任意时刻按下按键后，都需要在下一个 20ms 处再次确认，以此判断按键是否真正被按下。

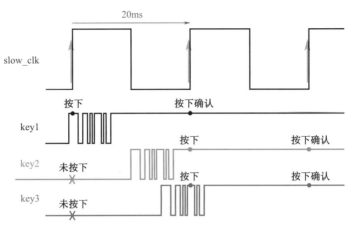

图 4.8.3　采用一个 20ms 周期的时钟信号作为判定按键是否被真正按下的触发标志

综上所述，产生一个慢速时钟是本实验的关键所在，这要用到前一个实验所介绍的分频技术。

3. 代码设计

不同的按键逻辑会对应不同的功能。偶尔有些场景希望按键在被按下后一直维持当前状态直至再次被按下，但绝大部分情况下，希望按键被按下会生成一个短暂的脉冲：一旦确认按下后，此时不论按键是否已经松开，该脉冲信号都会被送至系统进行下一步的逻辑判断。

图 4.8.4 演示了按键脉冲信号产生的过程。

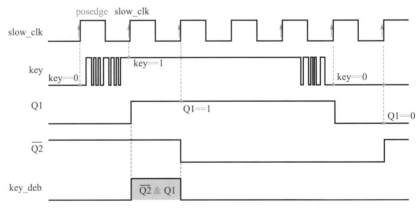

图 4.8.4　按键脉冲信号产生的过程

在图 4.8.4 中，**Q1** 由慢速时钟 `slow_clk` 触发，因此可以确认按键 **key** 是否被真正按下，而 $\overline{Q2}$ 信号则在下一个时钟触发时对 **Q1** 信号取反相运算。最终只需要对 **Q1** 和 $\overline{Q2}$ 两个信号进行与运算，就可以得到一个按键脉冲信号 `key_deb`，该信号的宽度为 1 个慢速时钟周期。

图 4.8.5 给出了实现按键脉冲信号的硬件结构。

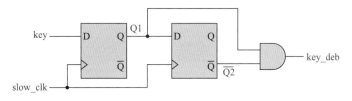

■ 图 4.8.5　实现按键脉冲信号的硬件结构

图 4.8.5 为代码设计提供了较为清晰的模块化结构。代码 4.8 中，通过调用时钟分频模块 **divider_integer** 生成了慢速信号 **slow_clk**，并例化 D 触发器模块 **dff**，最终以数据流描述方式将两个 D 触发器的输出信号进行取反运算和与运算。

代码 4.8：软件按键消抖模块

```
module debounce (
    input clk, key,
    output key_deb
);

wire slow_clk;
wire Q1,Q2,Q2_bar;

divider_integer #(.WIDTH(17),.N(240000)) U1 (
    .clk(clk),
    .clkout(slow_clk)            //产生慢速时钟信号(分频240000次)
);
dff U2 (                        // 例化第一个D触发器
    .clk(slow_clk),
    .D(key),
    .Q(Q1)
);
dff U3 (                        // 例化第二个D触发器
    .clk(slow_clk),
    .D(Q1),
    .Q(Q2)
);

assign Q2_bar = ~Q2;
assign key_deb = Q1 & Q2_bar;   // 将两个输出结果进行与运算
endmodule
```

4. FPGA 实验

在实验环节可以通过 LED 的状态更直观地观察开关消抖的作用。首先需要生成一个顶层模块 **top**，该模块可以将延时消抖后的信号 **key_deb** 用于控制 LED 状态的翻转，如图 4.8.6 所示。顶层模块 **top** 的代码要求自行设计，并确保与延时消抖模块（**debounce**）放置在同一工程目录下。

数字电路基础与实践

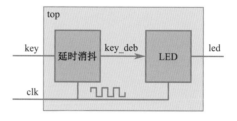

图 4.8.6　按键消抖模块的顶层模块框图

以下代码片段是通过按键信号来控制 LED 状态翻转的，这里采用的是经过消抖的按键信号 **key_deb**。每当监测到一个按键动作后，LED 都会翻转至与之前相反的状态。

```verilog
module key_test (
    input        clk, key,rst_n,
    output reg   led
);
    wire       key_pulse;

    always @(posedge key_pulse or negedge rst_n) begin
        if (!rst_n)
            led <= 1'b1;
        else
            led <= ~led;
    end
```

```
    debounce u1(
      .clk (clk),
      .key (key),
      .key_deb (key_pulse)
    );
  endmodule
```

5. 课后练习

在 4.6 节的练习任务三中，用未经消抖的按键触发一个 4 位自启动环形计数器，而按键的抖动会造成状态跳转错误。本练习将使用消抖后的信号触发该计数器。

任务一：图 4.8.7 为 4 位环形计数器的模块端口定义和结构图，这里加入了消抖模块 **debounce**，且将消抖后的信号 **key_deb** 作为真正的按键脉冲信号用于完成计数器的触发。自行完成以下模块的全部 Verilog 代码，使其可以在小脚丫 FPGA 上运行。

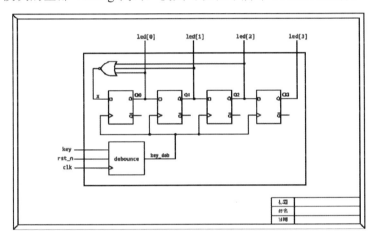

▓ 图 4.8.7 练习图 1

任务二：带自启动功能的扭环形计数器模块结构如图 4.8.8 所示，与任务一类似，自行构建该模块的全部代码，并通过 FPGA 验证该模块是否能实现自启动功能。

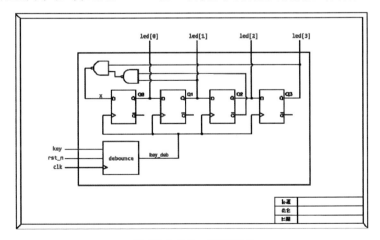

▓ 图 4.8.8 练习图 2

*4.9 利用状态机实现流水灯

1. 实验任务

本实验采用状态机的设计思路，将小脚丫 FPGA 上的 8 个板载 LED 组成一个流水灯。每两个相邻的 LED 的点亮间隔为 50ms。

2. 实验原理

流水灯是一个常见且有趣的硬件入门实验，非常适合采用状态机的设计思路。如果将整个流水灯的动作放慢并拆解，则在任何一个时刻都满足"当某一个 LED 点亮时，其余 LED 熄灭"的状态。由于实验任务中含有 8 个 LED，因此总共对应 8 种状态，在图 4.9.1 中将这 8 种状态分别标记为 S0～S7。每个状态分别表示对应的 LED 点亮。比如，当处于 S3 状态时，则 L3 点亮，其余 7 个 LED 均熄灭。

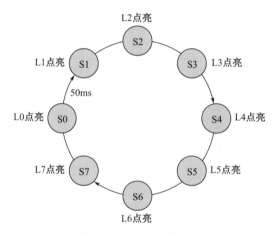

图 4.9.1 流水灯的状态图

以上状态图符合 1.5 节中对有限状态机的定义：首先，整个过程被划分成有限数量的状态；其次，各状态间跳转的触发条件为 50ms 的计数时长；最后，确保在任意时刻，该系统都会处于上述 8 种状态中的一种。接下来的代码设计中，将采用三段式描述法，在 Verilog 中描述一个状态机的构建过程。

3. 代码设计

首先是各状态的定义。在代码中需要将各状态进行二进制化。根据图 4.9.1，整个过程被划分为 8 个状态，因此可以通过 000、001、010、…、111 等二进制数对各状态分别定义。数据类型可以采用 **parameter**，定义方法如下。

```
parameter  S0 = 3'b000,
           S1 = 3'b001,
           S2 = 3'b010,
           S3 = 3'b011,
```

```
        S4 = 3'b100,
        S5 = 3'b101,
        S6 = 3'b110,
        S7 = 3'b111;
```

接下来，通过 case (...) 语句将每一种状态内需要完成的操作分别定义。这里的
state 为 3 位位宽的中间变量，可以生成 8 种状态。

```
reg [2: 0] state;                    //3位位宽的中间变量
always @ (*)   begin
  case  (state)
     S0:  LEDs = 8'b11111110;
     S1:  LEDs = 8'b11111101;
     S2:  LEDs = 8'b11111011;
     S3:  LEDs = 8'b11110111;
     S4:  LEDs = 8'b11101111;
     S5:  LEDs = 8'b11011111;
     S6:  LEDs = 8'b10111111;
     S7:  LEDs = 8'b01111111;
  endcase
end
```

最后，为实现状态之间的触发跳转（50ms），通过一个计数器产生 50ms 的延时，并在
每次计数器计满后对状态 **state** 进行递加，从而实现从状态 **S0** 至 **S7** 的反复循环。

```
reg [23: 0] cnt;
parameter CNT_NUM = 600000;
always @ (posedge clk)   begin
   if  (cnt == CNT_NUM-1)
       cnt <= 20'b0;
   else
       cnt <= cnt + 1'b1;
end
always @ (posedge clk)   begin
   if  (cnt == CNT_NUM-1)
       state <= state + 1'b1;
end
```

将以上片段整合后即构成了本实验流水灯的代码，见代码 4.9。

代码 4.9：采用三段式描述方式实现流水灯实验

```
module ledchaser (
   input clk,
   output reg [7:0] LEDs
) ;
//***** 第一段：将所有划分的状态以二进制方式定义
parameter   S0 = 3'b000,
            S1 = 3'b001,
            S2 = 3'b010,
            S3 = 3'b011,
```

```
                S4 = 3'b100,
                S5 = 3'b101,
                S6 = 3'b110,
                S7 = 3'b111;

//***** 第二段：描述在各状态下发生的行为
reg [2: 0] state;
always @ (*) begin
    case (state)
        S0: LEDs = 8'b11111110;
        S1: LEDs = 8'b11111101;
        S2: LEDs = 8'b11111011;
        S3: LEDs = 8'b11110111;
        S4: LEDs = 8'b11101111;
        S5: LEDs = 8'b11011111;
        S6: LEDs = 8'b10111111;
        S7: LEDs = 8'b01111111;
    endcase
end

//***** 第三段：实现各状态之间触发跳转的条件
reg [23: 0] cnt;
parameter CNT_NUM = 600000;
always @ (posedge clk) begin
    if (cnt == CNT_NUM-1)
        cnt <= 20'b0;
    else
        cnt <= cnt + 1'b1;
end
always @ (posedge clk) begin
    if (cnt == CNT_NUM-1)
        state <= state + 1'b1;
end
endmodule
```

第 5 章

综合项目

 5.1 密码锁控制电路的设计与实现 ▶▶▶

1. 项目任务

为保险箱设计一个 4 位的二进制密码锁，正确的开启密码为 0110。该保险箱还装有一个手动开关和报警器。打开保险箱时，需要先输入开锁密码，然后转动开关。如果输入的密码正确，则保险箱开启；如果输入的密码错误，则保险箱不开锁且报警器响起。

2. 设计分析

电子锁是一种由电路控制机械开关从而实现开锁或闭锁的电子产品。电子锁的种类有许多，常见的有密码锁、指纹锁、人脸识别锁等。尽管种类繁多，但电子锁的核心原理都是将用户输入信息与预存信息进行比对，从而判断是否满足开锁条件。因此，首先需要给出该密码锁的模块定义：将 4 路输入密码分别定义为 **A**、**B**、**C**、**D**，手动开关信号为 **EN**，开锁信号为 **open**，警报信号为 **alarm**，于是可以将本项目抽象成如图 5.1.1 所示的模块。

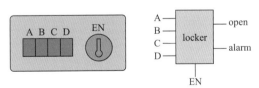

图 5.1.1 根据任务要求设计的简易二进制密码锁模块

根据任务要求可知，只有当手动开关 **EN** = 1，且 4 路输入为 0110 时，控制锁的开关才会产生高电平（即 **open** = 1），且报警器不响（即 **alarm** = 0）。如果在输入密码错误的情况下尝试开启手动开关，则锁开关为低电平，报警器产生高电平。根据以上文字描述，可以将该密码锁的逻辑原理通过表 5.1.1 表示。

表 5.1.1　根据项目描述给出该二进制密码锁对应的真值表

输入					输出	
EN	A	B	C	D	open	alarm
0	x	x	x	x	0	0
1	0	0	0	0	0	1
1	0	0	0	1	0	1
1	0	0	1	0	0	1
1	0	0	1	1	0	1
1	0	1	0	0	0	1
1	0	1	0	1	0	1
1	0	1	1	0	1	0
1	0	1	1	1	0	1
1	1	0	0	0	0	1
1	1	0	0	1	0	1
1	1	0	1	0	0	1
1	1	0	1	1	0	1
1	1	1	0	0	0	1
1	1	1	0	1	0	1
1	1	1	1	0	0	1
1	1	1	1	1	0	1

3. 代码设计

采用 FPGA 作为实现密码锁逻辑功能的平台，在代码 5.1 中采用了行为级描述方式。

代码 5.1：采用行为级描述方式构建密码锁模块

```verilog
module locker (
    input wire A,B,C,D,            //四个开关作为密码输入
    input wire EN,                 //一个按键作为开锁使能信号
    output wire led1,              //密码锁打开信号对应的LED输出
    output wire led2               //报警信号对应的LED输出
);


wire    [3:0]   code;             //四个变量存储密码
assign          code = {A,B,C,D};
reg             open;             //密码锁打开信号
reg             alarm;            //报警信号

always @ ( E or code ) begin
    if(E == 1'b1) begin
        if(code == 4'b0110) begin
            open  = 1'b1;
            alarm = 1'b0;
        end
```

```
        else begin
            open  = 1'b0;
            alarm = 1'b1;
        end
    end
    else begin
        open = 1'b0;
    end
end

assign  led1 = ~open ;              //用led1代表开锁信号
assign  led2 = ~alarm;             //用led2代表报警信号
endmodule
```

将以上代码编译后烧录至小脚丫 FPGA 中验证功能，进行引脚分配时，可采用 4 路拨码开关输入密码，按键作为手动开关控制使能信号，两个 LED 分别代表报警与开锁信号，如图 5.1.2 所示。

■ 图 5.1.2　二进制密码锁的 FPGA 引脚分配

4. 情景模拟

工程师刘某按照以上要求为品牌方设计了该简易二进制密码锁，在交货后数周内客服多次收到用户不良体验的反馈，最常见的投诉内容如图 5.1.3 所示。

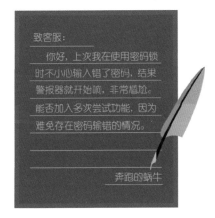

■ 图 5.1.3　最常见的投诉内容

经分析客户需求，刘工总结了当前的设计缺陷：没有考虑到用户在输入密码时有可能会输错而导致触发警报。就以上问题，刘工在不改变原有模块端口定义的基础上，提出了一种改进的解决方案：给用户 3 次尝试输入密码的机会，警报在第 3 次密码输入错误后才会响起。刘工将通过图 5.1.4 所示模块框图实现新的内部逻辑。

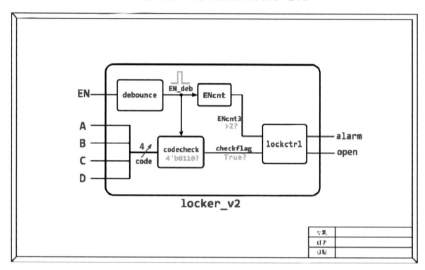

■ 图 5.1.4　改进后的模块框图

根据模块结构，由于手动开关由按键代替，因此经过消抖模块 **debounce** 后会产生一个按键动作的脉冲 **EN_deb**，将该信号送至密码检查模块 **codecheck** 时将判断当前输入的密码是否正确。同时，**EN_deb** 也会触发计数器 **ENcnt** 以记录手动开关的尝试次数。最终，加入一个 **lockctrl** 模块用于判断当前是否开门（**open=1**）或者当前是否触发警报（**alarm=1**）。

```verilog
module locker_v2 (
    input wire A,B,C,D,EN
    output wire led1, led2
);

wire    EN_deb;
wire    [3:0] code;
assign  code = {A,B,C,D};
reg     checkflag, open, alarm;
reg     [2:0] ENcnt3;

// ****** 根据新的设计思路完成内部逻辑 ********

// ...
// ...


assign led1 = ~open;
```

```
    assign led2 = ~alarm.

    endmodule
```

以上代码片段仅给出了基本的模块定义和部分内部信号定义，现得知刘工因交通灯项目临时外出，我们则需要根据已有的文档说明和此前的案例基础，将上述未完成的代码部分补全，并确保功能可以在小脚丫 FPGA 上验证。确认无误后，将代码保留并用于项目验收。FPGA 引脚分配如图 5.1.5 所示。

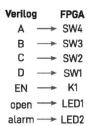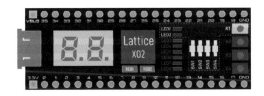

■ 图 5.1.5　FPGA 引脚分配

FPGA 的优势：在不改变模块端口定义的条件下，可以通过代码修改内部的电路逻辑，不需要重新设计实体硬件，因此为后期的维护和升级换代提供了更多选择。

◎ 5.2　声光控灯的设计与制作 ▶▶▶

1. 项目任务

设计一个监测周围环境的电路，当周围发出声响且有亮光时，电路的 LED 点亮，其他状况下均保持熄灭状态。

2. 设计分析

声音和光都是该系统的输入变量。如果将声音和光抽象成数字信号，则该系统的行为完全符合一个与门的特点。因此，本系统的简单电路模型如图 5.2.1 所示。

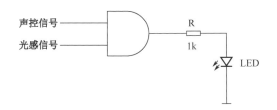

声控信号	光感信号	输出
0	0	0
0	1	0
1	0	0
1	1	1

■ 图 5.2.1　声光控灯的简单电路模型

有了基本的模型后，接下来需要考虑如何将声音及光转化成只有高低电平的数字信号。这就需要引入一些模拟电路和传感器的知识。图 5.2.2 所示是麦克风电路结构。

直插类型的麦克风　　　　等效模型　　　　麦克风电路

图 5.2.2　麦克风电路结构

麦克风是一种常用的电子元件，它可以将声音传播时产生的空气振动转化成对应的电信号。电路中的 5V 和电阻 R 可以将麦克风进行偏置，使其在特定的直流电压下正常工作。麦克风产生的电信号是交流信号，通常幅度比较小，因此需要外接放大电路才可以进行信号处理。

在图 5.2.3 所示的电路中，麦克风输出端连接的电容为去耦电容，它利用了电容"阻直流、通交流"的特点，可以将声音振动产生的交流信号进行分离并传至放大电路。图中的放大电路采用共射极结构，可以将小幅值的交流电压放大几十至几百倍。

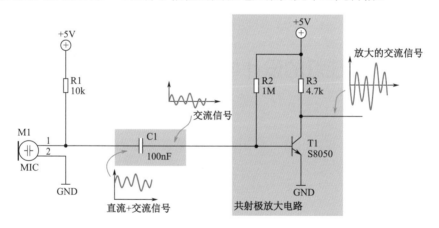

图 5.2.3　将麦克风电路的信号去耦并放大

图 5.2.4 所示是光感电路的模型。这里采用了光敏电阻。光敏电阻的表面由特殊半导体材料制成，当光照射在表面时会使材料中的自由电子增加，进而导致其阻值降低。由于光敏电阻可被视为可变电阻，因此一个由 5V、R 和 PH 构成的简单分压电路就可以通过监测电压 V_{out} 判断当前的光亮状态。

在了解麦克风电路和光感电路的基本原理后，将在接下来的环节中进行硬件设计的考量。

3. 硬件设计

在第 3 章和第 4 章中，分别通过 74 系列芯片及 FPGA 实现了门电路的功能，因此，这

两种方法均可以实现本项目。本节主要介绍基于 74 系列芯片的硬件设计，而基于 FPGA 的实践则由读者自行完成。

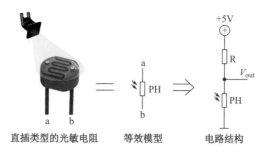

直插类型的光敏电阻　　等效模型　　电路结构

■ 图 5.2.4　光感电路的模型

　　如图 5.2.5 所示，麦克风电路和光感电路的输出分别接至与门模块的两个输入端口，并在与门输出端口串联了电阻与 LED 用于显示最终的结果。图中的与门模块建议采用 74AC08 芯片，该芯片的引脚 14 与引脚 7 需要分别接至 5V 电源和 GND，在图中省略。

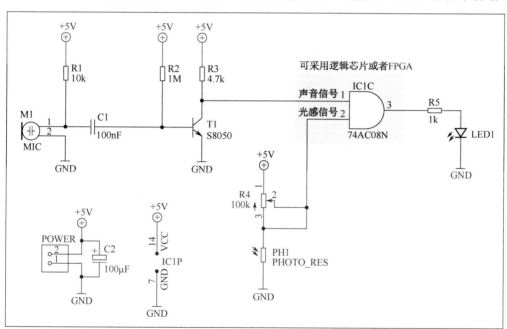

■ 图 5.2.5　声光控灯电路原理图

4. 情景模拟

　　收到照明合作商的反馈（图 5.2.6），刘工对原有电路进行了调整，利用电阻和电容组成了一个延时电路，为了更加人性化，刘工还加入了一个手动触摸开关用于灯光的点亮。更新的电路结构如图 5.2.7 所示。

　　（1）加入一个手动触摸开关。由于人体本身是一个导体且与大地处于电气悬浮状态，因此身体会携带 50Hz 的工频电压信号，当触摸 TP1 时该电压信号会触发这一路的开关。两个二极管 D2 和 D3 则用于防止浪涌干扰。

数字电路基础与实践

图 5.2.6 照明合作商的反馈

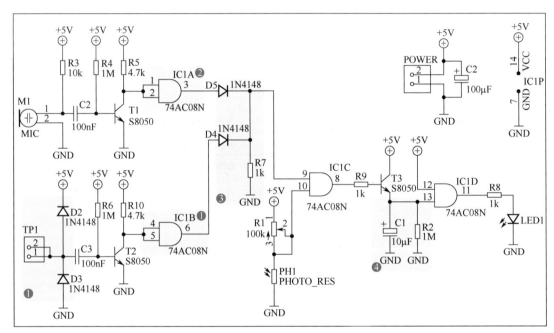

图 5.2.7 更新的电路结构

（2）缓冲器。可采用两个非门级联的结构，或将与门的两个输入相连。因为门电路具有"输入阻抗高、输出阻抗低"的特点，这种结构意味着，该元件的输入端消耗电流极小，且输出端能提供较大的电流，因此更适合驱动后续的电路。

（3）简易或门电路。当任意一个二极管导通后，加在电阻 R7 上的电压都为高电平，因此逻辑功能等同于或门。在本项目中，或门的逻辑可以使测试接口电路安全地接入已有的电路系统。

（4）延时电路。由 C1 和 R2 组成。比如，当该端口的电压发生变化时，会对电容 C1 进行充电或放电，因此增加了达到预定电压的时间。C1 和 R2 的乘积称为时间常数，该常数与延时时间成正比。

在图 5.2.7 中，延时电路中采用了 10μF 电容和 1MΩ 电阻。搭建电路后可以通过实际观察来检验延时是否满足需求，并可以通过调节电阻的阻值来改变延时时长，将结果记录在表 5.2.1 中。

表 5.2.1 记录表

电容	电阻	延时时长
10μF	1MΩ	
10μF	500kΩ	
10μF	2MΩ	
10μF	3MΩ	

5.3 4 路抢答器的设计与制作

1. 项目任务

设计一个由 4 名选手控制的抢答器。当抢答开始时，最先按下抢答按键的选手号码会被显示在大屏幕上，即使其他选手在这之后按下抢答器，屏幕的显示数字也不会改变。当系统被重置后，可以开始新一轮抢答。

2. 设计分析

4 路抢答器是一个经典的数字电路，这里以 74 系列芯片为例展开分析。

根据设计要求，一个最基础的抢答器控制系统应当包含 5 路输入，其中输入 1~4 分别由 4 名选手控制，另 1 路输入用于重置。如果采用 7 段数码管来显示抢答结果，则输出信号应当包含 7 段数码管所需的控制信号。

根据之前介绍的模块，搭建上述系统需要一个 7 段数码管用于数字显示，一个译码器用于控制数码管的显示，以及一个锁存器用于存储当前的状态，其基本结构如图 5.3.1 所示。该结构可以确保在任意一个选手的输入信号为 1 时，锁存器的输出 Q 会一直保持高电平直至重置复位。

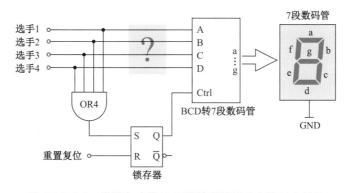

图 5.3.1 带锁存功能的 7 段数码管驱动电路基本结构

不过，按照以上方式直接将 4 路输入信号接入译码模块会导致图 5.3.2 所示的错误结果，

数字电路基础与实践

原因是二进制码制与 BCD 码制不匹配。

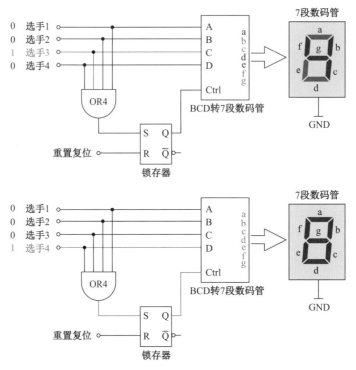

■ 图 5.3.2 由于码制不匹配导致的错误结果

BCD 的全称是 Binary Coded Decimal，它将十进制数 0～9 通过 4 个二进制数进行映射。表 5.3.1 是 BCD 码的真值表。与二进制编码不同，BCD 码中存在多路输入信号同时为 1 的情况。如果将二进制编码后的数据送至 BCD 译码模块，则只能译出 8、4、2、1 这四种情况，因此 BCD 码也称 8421 码。

表 5.3.1　BCD 码的真值表

十进制数	D	C	B	A
0	0	0	0	0
1	0	0	0	1
2	0	0	1	0
3	0	0	1	1
4	0	1	0	0
5	0	1	0	1
6	0	1	1	0
7	0	1	1	1
8	1	0	0	0
9	1	0	0	1

如希望显示正确的选手号码，首先要将 4 路输入信号转成 BCD 码，见表 5.3.2。

表 5.3.2　将 4 路输入信号转成 BCD 码

二进制码				BCD 码			
D	C	B	A	D1	C1	B1	A1
0	0	0	1	0	0	0	1
0	0	1	0	0	0	1	0
0	1	0	0	0	0	1	1
1	0	0	0	0	1	0	0

转码后的 4 个输出信号为 A1、B1、C1、D1，其对应的逻辑表达式分别为：

$$D1 = 0$$
$$C1 = D$$
$$B1 = B + C$$
$$A1 = A + C$$

3. 硬件设计

根据此前的分析，将最初的设想进行修改，加入了二进制码转 BCD 码的部分，如图 5.3.3 所示。同时，所有开关的一侧均接至 5V 高电平。显示采用常用的 74HC4511 译码芯片。

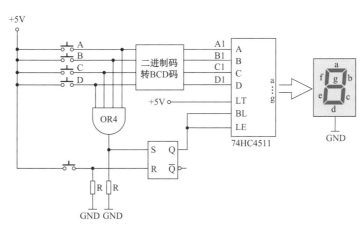

图 5.3.3　在原有基础上修改后的电路结构

74HC4511 译码芯片可以将 BCD 码转化成对应的数码管字符。而根据该芯片的技术手册，引脚 5 的锁存信号 LE 决定了最终显示的译码字符。当引脚 5 为低电平时，芯片的输出结果会随着输入的改变而不断刷新；当引脚 5 为高电平时，输出结果则会根据当前最新的输入状态锁定。对以上电路进一步细化，如图 5.3.4 所示。

这里可以验证一下以上电路的功能。根据 74HC4511 技术手册中的真值表，当 4 路输入为 0011 时，图 5.3.5 所示电路中高电平的部分被标成蓝色，此时 7 段数码管内部点亮的 LED 正好显示出数码 3。

4. 情景模拟

某学校答辩组订购了数台抢答器用于答辩竞赛，后收到客户反馈如图 5.3.6 所示。

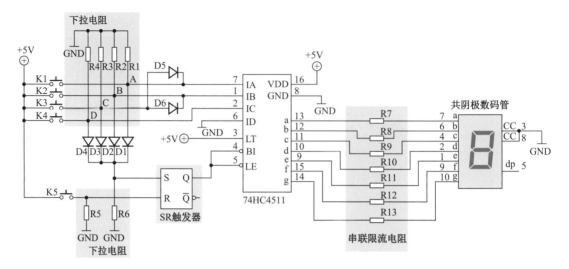

■ 图 5.3.4　基于 74HC4511 的抢答器电路图

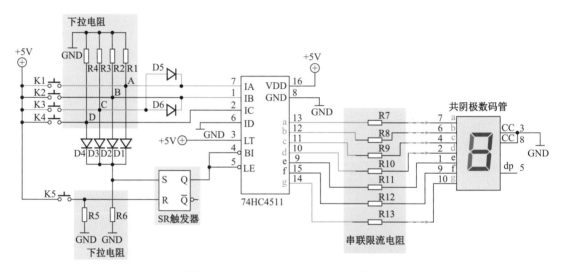

■ 图 5.3.5　根据 74HC4511 的真值表验证当前电路的显示结果

■ 图 5.3.6　客户反馈

要使电路产生声音，则需要用到蜂鸣器或扬声器等元件。扬声器和无源蜂鸣器必须提供可听频率范围内的交流信号才可以发出声响，而有源蜂鸣器只需要提供直流电就可以发出固定频率的响声。由于客户只需要产生提示音，对声音的内容并无特殊要求，因此刘工决定使用有源蜂鸣器。图 5.3.7 是三极管驱动的有源蜂鸣器电路。

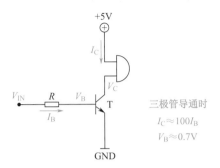

■ 图 5.3.7　三极管驱动的有源蜂鸣器电路

图 5.3.7 也给出了计算三极管直流偏置电压时的一些基本假设。通常在三极管导通时，基极电压 V_B 约为 0.7V，因此根据欧姆定律可以计算出基极电流 I_B 为：

$$I_B = \frac{V_{IN} - V_B}{R}$$

由于集电极电流 I_C 在导通时和 I_B 成正比（通常为 100 倍左右），在 V_{IN} 固定的情况下，调节电阻 R 的范围就可以决定蜂鸣器的声音强度。因此刘工想出一个方法，将固定电阻换成可变电阻，如图 5.3.8 所示，这样用户需要改变提示音量时就可以自行手动调节了。

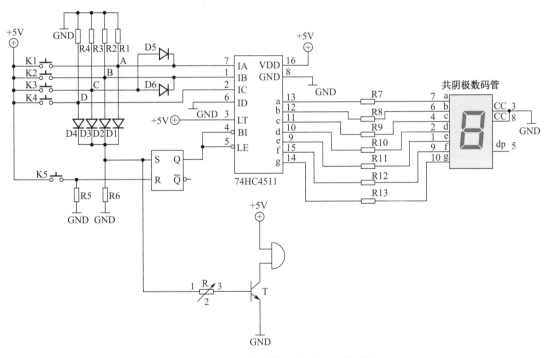

■ 图 5.3.8　给抢答器电路加入蜂鸣器

搭建好以上电路后，读者可以尝试改变可变电阻的阻值来实现蜂鸣器音量的调节，同时可以实际体会可调元件在电路中的作用。

5.4 交通灯的设计与实现

1. 项目任务

交通灯在现实生活中无处不在，而它的设计原理往往采用状态机的设计思路，因此可以作为一个典型案例来加深读者对状态机设计的理解。本项目将采用 FPGA 设计思路，利用小脚丫 FPGA 上的两个三色灯实现一个简易的交通灯系统。图 5.4.1 为交通灯示意图，路口由红、黄、绿三种信号灯控制。

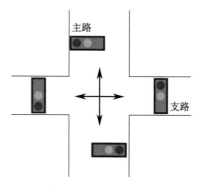

■ 图 5.4.1 交通灯示意图

其中，主路上的绿灯/黄灯/红灯持续时间分别为 15s/3s/10s，支路上的绿灯/黄灯/红灯持续时间分别为 7s/3s/18s，该信号灯带有重置功能。

2. 设计分析

交通灯构成了一个经典的状态机。由于三种颜色信号的存在，容易直觉性地把状态划分成红灯、黄灯和绿灯三种。然而，如果把主路与支路看作一个整体系统就会发现，当任意一路的红灯亮起时，另一路既可能处于绿灯的状态，也可能处于黄灯的状态。图 5.4.2 所示的信号示意图就很形象地说明了这一点。对于一个系统来说，正确的状态机必须确保该系统在任意时刻都存在一个与之对应的状态，因此图中标出的虚线处也需要纳入考虑。

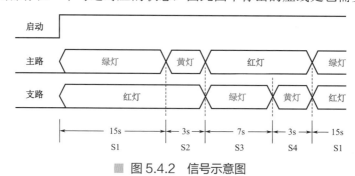

■ 图 5.4.2 信号示意图

于是可以将整个系统划分为 4 个状态，在任意状态下，主路或支路上必然会有一个灯的颜色发生变化。图 5.4.3 所示的状态机图很好地描述了整个系统运转的过程。

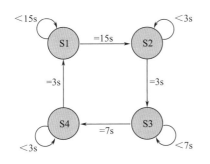

S1：主路绿灯点亮，支路红灯点亮，持续 15s

S2：主路黄灯点亮，支路红灯点亮，持续 3s

S3：主路红灯点亮，支路绿灯点亮，持续 10s

S4：主路红灯点亮，支路黄灯点亮，持续 3s

■ 图 5.4.3　交通灯系统的状态机图

3. 代码设计

本项目的核心在于实现以上状态机的功能，这里可以利用 FPGA 作为任务平台，并采用 4.9 节介绍过的状态机分段写法来实现以上状态机功能。

首先可通过 **parameter** 对 S1 至 S4 的四种状态进行定义。除此之外，可对各状态下相应的 LED 点亮机制进行描述。小脚丫 FPGA 上的 RGB 三色灯是由三路信号控制的，其中 011 对应红色（R），101 对应绿色（G），110 对应蓝色（B），黄灯可以通过同时点亮 R 和 G 实现。

```
parameter     S1 = 2'b00,
              S2 = 2'b01,
              S3 = 2'b10,
              S4 = 2'b11;


parameter      led_s1 = 6'b101011,
              led_s2 = 6'b001011,
              led_s3 = 6'b011101,
              led_s4 = 6'b011001;
```

接下来，通过 **case(...)** 语句可以定义状态变量 **state** 在各种取值下所产生的 LED 点亮机制。其中 **always @ (*)** 是于 2001 年加入 IEEE Verilog 标准的，用于描述组合逻辑，因此该块语句内部应采用阻塞赋值。

```
always @   (*)   begin
   case  (state)
     S1:  RGB_out = led_s1;
     S2:  RGB_out = led_s2;
     S3:  RGB_out = led_s3;
     S4:  RGB_out = led_s4;
     default: RGB_out = led_s1;
   endcase
end
```

程序还需要实现各状态之间触发跳转的过程。观察图 5.4.3 所示的状态机可以发现，每一个状态实际上都有两个触发条件：计时器小于指定读秒时间则程序保持该状态，计时器

数字电路基础与实践

持续递加；当计时器达到指定读秒时间时则跳转至下一状态，此时计时器重置。本段程序利用时钟分频将每次状态跳转的时间设定为 1 秒。

```verilog
always @ (posedge clk1hz or negedge rst_n) begin
    if(!rst_n) begin
        state <= S1;
        time_cnt <= 0;
    end
    else begin
        case (state)
            S1: if (time_cnt < 4'd15) begin
                    state <= S1;
                    time_cnt <= time_cnt + 1;
                end
                else begin
                    state <= S2;
                    time_cnt <= 0;
                end
            S2: if (time_cnt < 4'd9) begin
                    state <= S2;
                    time_cnt <= time_cnt + 1;
                end
                else begin
                    state <= S3;
                    time_cnt <= 0;
                end
            S3: if (time_cnt < 4'd7) begin
                    state <= S3;
                    time_cnt <= time_cnt + 1;
                end
                else begin
                    state <= S4;
                    time_cnt <= 0;
                end
            S4: if (time_cnt < 4'd3) begin
                    state <= S4;
                    time_cnt <= time_cnt + 1;
                end
                else begin
                    state <= S1;
                    time_cnt <= 0;
                end
            default: begin
                    state <= S1;
                    time_cnt <= 0;
                end
        endcase
```

```
        end
    end
```

最后，需要将以上各代码片段进行整合，实现一个具备完整功能的交通灯控制模块 **traffic**。

4. 情景模拟

将以上代码片段整合后构成了交通灯控制模块 **traffic**，完成逻辑综合后按照图 5.4.4 对小脚丫 FPGA 上的两个三色灯进行引脚分配。由于三色灯的黄灯视觉效果较弱，这里改用蓝灯代替。

```verilog
module traffic (
    input clk, rst_n,
    output reg [5:0] RGB_out,
);

reg [3:0] time_cnt;
reg [1:0] state;
wire      clk1hz;

// 分频模块
    //...
    //...
// 各状态对应的输出结果
    //...
    //...
// 各状态之间互相跳转的条件
    //...
    //...

endmodule
```

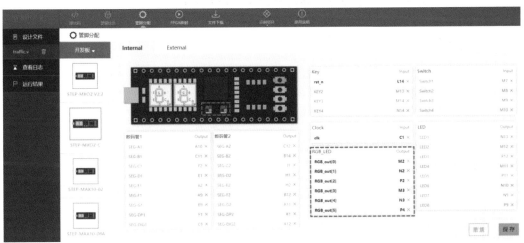

图 5.4.4 引脚分配

然而数星期之后，由于有工厂迁入导致该路口支路车流量增加，为缓解交通灯造成的一侧拥堵，当地交通部门计划将支路绿灯的时间由 7 秒延长至 12 秒，同时将黄灯的时间由 3 秒延长至 4 秒。刘工接到任务后，立刻给出了新的交通灯信号图（图 5.4.5）。

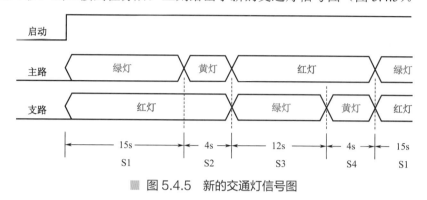

■ 图 5.4.5　新的交通灯信号图

根据图 5.4.5 完成状态机图（图 5.4.6），为各个状态命名并给出对应的二进制码。

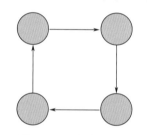

■ 图 5.4.6　新的状态机图

最后，根据以上的模块定义，自行完成交通灯系统的全部代码，并通过小脚丫 FPGA 上的三色灯模拟验证全部流程。

◎ 5.5　脉冲计数器电路设计与制作 ▶▶▶

1. 项目任务

脉冲计数器是一个很常见的应用模块，在产品流水线或物流集散中心等场景中都会见到。图 5.5.1 是一个简易的传送带计数系统，每当一件产品通过传感器后就会给计数器传入一个脉冲信号，每收到一个脉冲后数码管显示就加 1，直至计满。本项目的任务是设计一个 2 位数码管的脉冲计数器。

2. 设计分析

将上述计数系统的逻辑功能进一步拆分成计数模块和显示模块两部分，如图 5.5.2 所示。每当一个新的脉冲进入计数模块后，该模块的计数器加 1，同时将结果送至显示模块，而后者的主要功能是将读数正确地显示在 7 段数码管上。

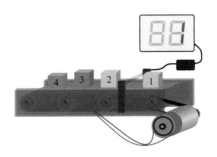

图 5.5.1　简易传送带计数系统

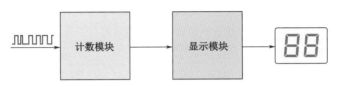

图 5.5.2　脉冲计数器的逻辑功能示意图

5.3 节的抢答器项目曾利用数码管译码芯片 74HC4511 来显示 0～9，因此显示最大为 99 的读数需要两组 74HC4511 芯片和 7 段数码管。对于计数模块而言，应当选用两个十进制计数器分别控制数码管的低位和高位，将两个十进制计数器进行级联就能实现 100 以内的连续计数。因此，图 5.5.2 中的模型还可以被进一步细化，如图 5.5.3 所示。

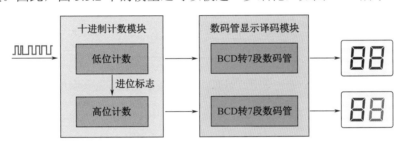

图 5.5.3　进一步细化的模块结构图

根据图 5.5.3 的信号走向，传感器的脉冲信号会作为计数模块的时钟触发信号被送至低位十进制计数器，待低位计满至 9，且下一次脉冲信号被送至系统时，低位计数器跳至 0 且生成进位标志，此时高位计数器递进 1 位。为了使后续的模块能像人脑一样理解计数器的结果，产生的输出信号需要以 BCD 码的形式送至后端的译码模块，并最终在两组数码管上完成显示。

这里选用 74HC160 芯片作为本项目的十进制计数器芯片，该芯片的引脚如图 5.5.4 所示。

脉冲信号可以接至 CP 引脚作为整个计数器的触发信号，计数器的输出端口 Q0～Q4 会产生 4 位的 BCD 码，TC 作为计满标志，可在低位计数器计满后向高位计数器产生进位信号，详细的连接方式可参考之后的硬件设计部分。该芯片其余引脚的功能可以参考官方的技术手册。

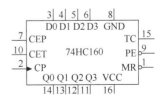

图 5.5.4　74HC160 芯片的引脚

3. 硬件设计

首先实现数码管显示部分。参考 5.3 节的单组数码管显示电路，两位数码管只需要将该结构重复两次即可。在图 5.5.5 中，数码管显示模块的 8 路输入信号都由计数模块产生，分别对应 4 路低位 BCD 信号和 4 路高位 BCD 信号。对于更多位的数码管显示连接来说，该方法也同样适用，将该结构多次重复即可。

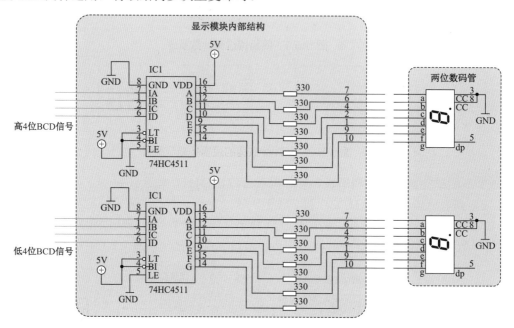

■ 图 5.5.5　基于 74HC4511 芯片的数码管显示模块

计数模块的设计是整个系统的重点。根据设计分析，这里需要两个 74HC160 分别输出高 4 位和低 4 位的 BCD 信号。首先将计数器接至 5V 和 GND，再将每个计数器的 4 路输出信号接至输出端口，脉冲信号则接入低位计数器的时钟输入端口，如图 5.5.6 所示。

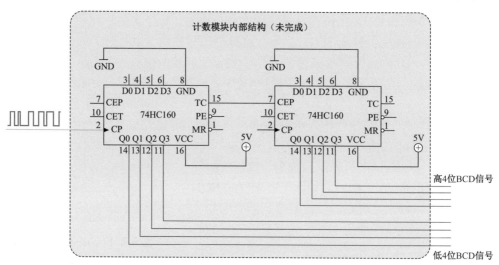

■ 图 5.5.6　十进制计数模块的初步搭建

接下来，实现计数器的进位功能就需要查阅技术手册了，图 5.5.7 给出了该芯片逻辑功能的介绍。

Nexperia   **74HC160**

Presettable synchronous BCD decade counter; asynchronous reset

6. Functional description

Table 3. Function table

Operating mode	Inputs						Outputs	
	MR	CP	CEP	CET	PE	Dn	Qn	TC
Reset (clear)	L	X	X	X	X	X	L	L
Parallel load	H	↑	X	X	l	l	L	L
	H	↑	X	X	l	h	H	[1]
Count 计数状态	H	↑	h	h	h	X	count	[1]
Hold (do nothing) 保持状态	H	X	l	X	h	X	qn	[1]
	H	X	X	l	h	X	qn	L

[1] The TC output is HIGH when CET is HIGH and the counter is at terminal count (HLLH);

图 5.5.7　74HC160 芯片的逻辑功能介绍

首先，由于初始状态下预置数应当为 0，因此 D0～D3 全部连接低电平。接下来，不论是计数还是保持状态，两个计数器的 MR 和 PE 引脚都要接高电平。除此之外，将低位计数器的进位引脚 TC 接至高位计数器的 CEP 和 CET 引脚，可作为进位标志信号将其触发。整个过程可参考图 5.5.8 所示的计数模块内部结构。

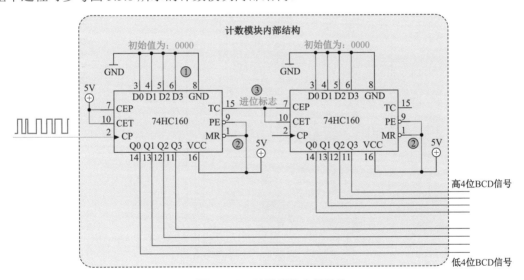

图 5.5.8　计数模块内部结构

（1）初始预置数设为 0，因此将 D0～D3 接至 GND。

（2）实现计数和保持两个功能，因此将 MR 和 PE 接至 5V。

（3）低位计数器的 TC 连接至高位计数器的 CEP 和 CET，用于实现进位触发功能。

最后，将以上各个模块进行整合，即构成本项目需要实现的脉冲计数器电路，如图 5.5.9 所示。

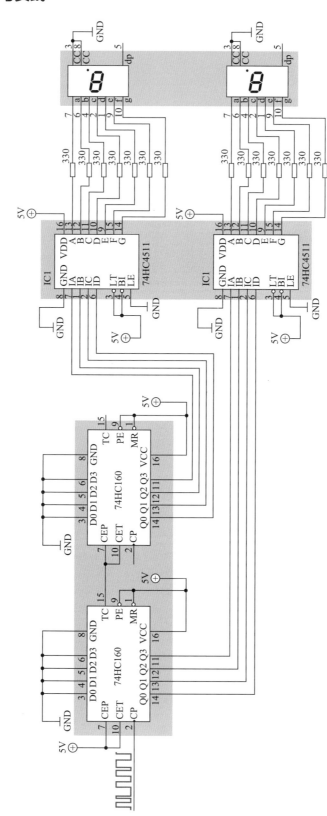

■ 图 5.5.9 两位十进制脉冲计数器

4. 情景模拟

刘工收到了来自学校答辩道具组的设计要求：由于产品要应用于比赛，还需要加入倒计时功能，用一个按键实现按下（轻触式）重新开始计时，从99开始计数到0，并用一个按键（自锁式）实现暂停/继续的切换。

由于加入了正向计数和反向计数的要求，采用原有的74HC160方案在功能上会受到局限。因此，刘工决定采用具有双向计数功能的74HC192N芯片，并完成了图5.5.10所示的原理图。

然而，刘工此时手头没有74HC192N的技术手册，因而不能确定预置数的状态，请读者在表5.5.1中将其补全，并在原理图上以连线的方式完成最终的电路方案。

表5.5.1 状态表

A	B	C	D

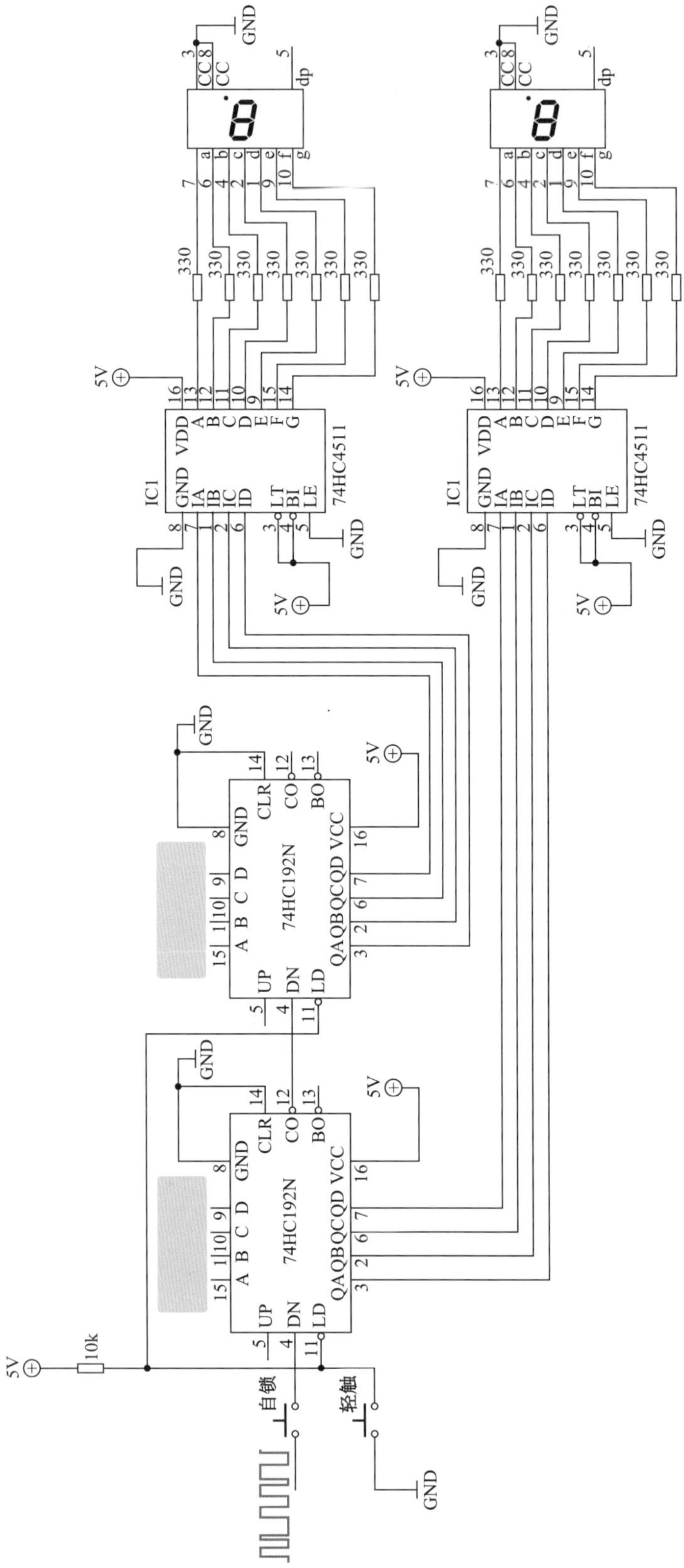

■ 图 5.5.10 新产品原理图

◎ 5.6 秒表的设计与实现 ▶▶▶

1. 项目任务

日常生活中使用的秒表通常都包含分针、秒针，以及精度为 10 毫秒的次秒针，而显示这三种读数至少需要 3 组 2 位数码管。本项目旨在实现基本功能，因此忽略分钟读数，只实现基础的次秒与秒的读数功能，如图 5.6.1 所示。该秒表的最大计时时长为 1 分钟，即最大读数为 59:99 。除此之外，秒表还应带有复位键（用于计数的手动清零）及暂停键。

■ 图 5.6.1　3 组 2 位数码管构成的秒表

2. 设计分析

本项目将通过 FPGA 实现。与脉冲计数器一样，仍采用三个基本结构：由计数器构成的时钟控制模块、BCD 码译码模块及 7 段数码管的显示控制模块。如图 5.6.2 所示，rst_n 和 pause 用于复位与暂停，clk 为系统时钟参考基准。最终输出的 4 组 9 路信号用于控制 4 个数码管的显示。

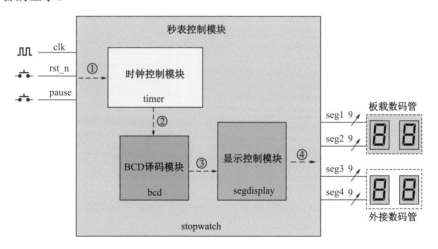

■ 图 5.6.2　秒表控制模块的结构和端口定义

在模块内部，信号首先会沿路径 1 传至时钟控制模块。该模块由若干个计数器组成，用于实现读秒与进位的逻辑功能。时钟控制模块的输出是只能由人识别的十进制数，因此必须先沿路径 2 进入 BCD 译码模块，待其转化成 BCD 码后，才可从路径 3 送至显示控制模块进行对应的译码，并最终通过输出端口 4 分别接至对应的数码管进行读数显示。

以上结构还可以进一步细化，如图 5.6.3 所示。

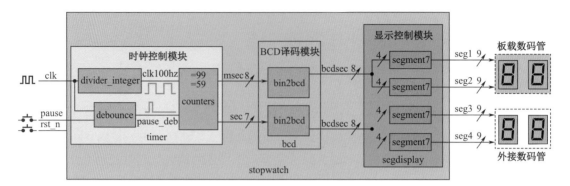

■ 图 5.6.3　各模块间的信号连接方式

根据信号的走向，系统时钟信号 clk 进行整数倍分频后生成频率为 100Hz 的次秒信号 **clk100hz**，**counters** 模块对 **clk100hz** 计数，进而判断何时暂停、何时复位、何时进位等。计数器的计数结果 **msec** 及 **sec** 均为二进制码，通过 BCD 译码模块后会被转化成 8 位的 8421 码，也就是 **bcdmsec** 和 **bcdsec**。最后，将每组信号的高 4 位和低 4 位分别送至数码管模块 **segment7**，就可以显示对应的十进制数了。

根据整个模块的描述和端口定义，可以构建顶层文件 **stopwatch** 及各子模块间的连接关系，见代码 5.2。而每个子模块代码的设计将在后面依次展开分析。

代码 5.2：*秒表控制模块的顶层文件* stopwatch

```verilog
module stopwatch (
    input   wire        clk,
    input   wire        rst_n, pause,
    output  wire  [8:0]  seg1, seg2
    // output wire   [8:0]  seg3, seg4
);
    wire [7:0] msec, sec;
    wire [7:0] bcdmsec, bcdsec;

    /*************** 计数器模块用于实现2位计时的逻辑功能 ****************/
    timer u1(
        .clk (clk),
        .rst_n (rst_n),
        .pause (pause),
        .msec (msec),
        .sec (sec)
    );

    /**************** 次秒读数 -> BCD -> 7段数码管 ******************/
    bin2bcd u2 (
        .bitcode(msec),                    // 次秒 msec 的二进制码
        .bcdcode(bcdmsec)                  // 将 msec 转化成 BCD码
    );
    segment7 u3(
```

```
        .seg_data(bcdmsec[7:4]),    // 取高4位码
        .segment_led (seg1)         // 数码管1显示"十"位
    );
    segment7 u4(                     // 取低4位码
        .seg_data(bcdmsec[3:0]),    // 数码管2显示"个"位
        .segment_led (seg2)
    );
    // 秒的读数部分由读者自行完成

endmodule
```

3. 代码设计

第一个待实现的模块是时钟控制模块 **timer**。参考图 5.6.4，该模块首先将 12MHz 的系统时钟通过 120 000 倍分频生成频率等同于次秒的 100Hz 信号，以方便计数器计数。暂停信号 pause 经过消抖处理后送至计数器模块进行逻辑判断。

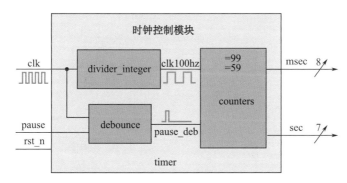

图 5.6.4　时钟控制模块的结构及端口定义

鉴于代码 4.7 和代码 4.9 中已经分别介绍了按键消抖和时钟分频的实现方法，此处可以调用 **divider_integer** 和 **debounce** 这两个子模块，子模块之间的中转信号 **clk100hz** 及 **pause_deb** 需要被定义为 **wire** 类型，见代码 5.3。

代码 5.3：时钟控制模块的部分代码

```
module timer (
    input    clk,
    input    rst_n, pause,
    output   reg [7:0] msec,        // 次秒位输出，99对应8位
    output   reg [6:0] sec          // 秒位输出，59对应7位
);
    wire        clk100hz;           // 频率为100Hz的最小时钟
    wire        pause_deb;          // 按键消抖后的信号
    // 时钟分频模块，参考代码4.7
    divider_integer #(.WIDTH(32),.N(120000)) U1 (
        .clk(clk),
        .rst_n(rst_n),
        .clkout(clk100hz)
```

```
);

// 按键消抖模块，参考代码4.9
debounce U2 (
    .clk(clk),
    .key(pause),
    .key_deb(pause_deb)
);

//...
```

如果不考虑暂停功能，实现次秒和秒的计数逻辑功能是相对容易的。每当次秒计数器 **msec** 计满至 99 时都要清零，同时还要判断秒计数器 **sec** 此时是否已经计到 59，当 **sec** 计满后也要清零，从而开始新一轮计数，详情可参考代码 5.4。

代码 5.4：实现秒和次秒基本计数功能的代码

```
always @ (posedge clk100hz or negedge rst_n) begin
    if(!rst_n)begin                      //当rst被按下后，秒和次秒均清零
        msec <= 8'd0;
        sec <= 7'd0;
    end
    else if(msec == 8'd99) begin
        msec <= 8'd0;                     //当次秒位计至99后，清零
        if(sec == 7'd59)
            sec <= 7'd0;                  //当秒位计至59后，清零
        else
            sec <= sec + 1'b1;           //如果秒位未计满，则继续递进
        end
    else                                 //其余情况下，次秒保持计数状态
        msec <= msec + 1'b1;
    end
```

在处理消抖后的暂停信号 **pause_deb** 时还要注意，由于每次按下按键后该信号都只会生成一个短暂的脉冲，而非一直维持此时的状态，因此不能直接将 **pause_deb** 作为判断是否暂停的标准。解决方法是加入一个按键动作判断标志 **flag_pause**，每当 **pause_deb** 触发后，**flag_pause** 都会翻转且保持状态直至下一次触发，参考以下代码：

```
always @ (posedge pause_deb) begin
    if(!rst_n)
        flag_pause <= 0;
    else
        flag_pause <= ~flag_pause;
    end
```

结合图 5.6.5 中各信号的时序图可以更好地说明整个计数逻辑实现的过程。

代码 5.5 将所有代码片段进行拼接即构成了整个 timer 模块的定义。

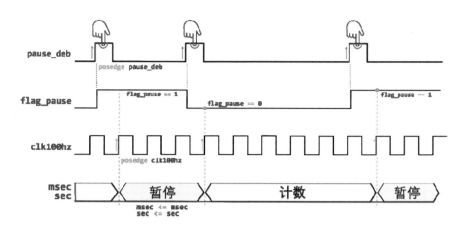

██ 图 5.6.5　消抖后的暂停信号 pause_deb 控制计数器的时序图

代码 5.5：时钟控制模块 timer 的完整代码

```verilog
module timer (
    input   clk, rst_n, pause,
    output  reg [7:0] msec,        // 次秒位输出，99对应8位
    output  reg [7:0] sec          // 秒位输出，59对应7位
);
    wire        clk100hz, pause_deb;
    reg         flag_pause;

    divider_integer #(.WIDTH(24),.N(1200000))U1 (
        .clk(clk),
        .clkout(clk100hz)
    );

    debounce U2 (
        .clk(clk),
        .key_deb(pause_deb)
    );

    always @ (posedge pause_deb) begin
        if(!rst_n) flag_pause <= 0;
        else flag_pause <= ~flag_pause;
    end

    always @ (posedge clk100hz or negedge rst_n) begin
        if(!rst_n)begin
            msec <= 8'd0;
            sec <= 8'd0;
        end
        else if(flag_pause == 1) begin    // 当暂停键被按下后，所有计数器保持
不变
```

```
                msec <= msec;
                sec <= sec;
            end
            else if(msec == 8'd99) begin      // 当次秒位计至99后，清零
                msec <= 8'd0;
                if(sec == 8'd59) sec <= 8'd0; // 当秒位计至59后，清零
                else sec <= sec + 1'b1;       // 如果秒位未计满，则继续递进
            end
            else                              // 其余情况下，次秒保持计数状态
                msec <= msec + 1'b1;
        end
    endmodule
```

第二个重要的模块是 BCD 译码模块，如图 5.6.6（a）所示。该模块用于将 **msec** 和 **sec** 两组二进制数据转化成 BCD 码。由于 1 组 BCD 码的位宽是 4 位，因此模块的输出信号位宽必须是 4 位的整数倍。位数不足的部分可在高位处补 0。

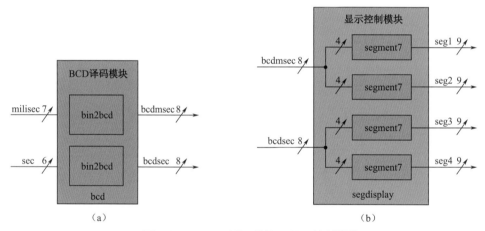

图 5.6.6　BCD 译码模块及显示控制模块

转化成 BCD 码后的信号可直接接入显示控制模块。其中，用于显示"十位"的数码管连接高 4 位信号，用于显示"个位"的数码管连接低 4 位信号。数码管译码模块 **segment7** 的实现可以参考第 4 章的代码 4.5。

4. 情景模拟

将以上各模块整合后即可实现次秒的读秒功能。由于本项目中例化的子模块数量较多，因此采用顶层模块的设计方式可以使项目文件结构较为清晰。在分配引脚（图 5.6.7）时可以将小脚丫 FPGA 上的两个数码管用于次秒读数的显示。

代码设计中仅利用小脚丫 FPGA 上的两个数码管实现次秒显示的功能，如果也需要实现秒的显示，在模块的端口定义处要再加入两个数码管模块 **seg3** 和 **seg4**。

```
    module stopwatch (
        input   wire        clk,
        input   wire        rst_n, pause,
        output  wire  [8:0] seg1, seg2,
        output  wire  [8:0] seg3, seg4
```

);

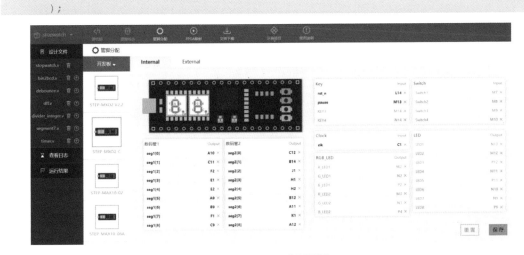

图 5.6.7 分配引脚

在显示读数时，必须借助小脚丫 FPGA 上的 GPIO 实现外部功能扩展，图 5.6.8 中使用了 18 个外接的 GPIO 来控制两个外接数码管。

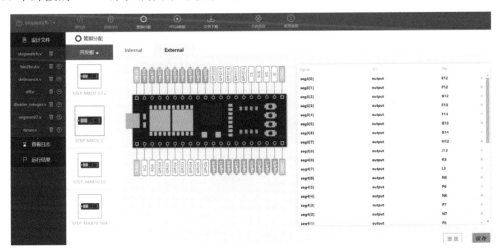

图 5.6.8 控制外接数码管

最后，可以在面包板上搭建完整的电路，图 5.6.9 中仅给出了小脚丫 FPGA 和两个共阴极 7 段数码管的基本连接方式，各数码管的驱动可根据引脚分配自定义。

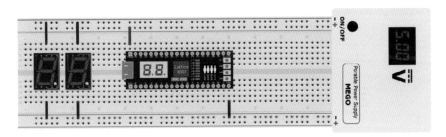

图 5.6.9 面包板电路

实现 50%占空比的任意
整数倍分频

任意整数倍分频包括偶数倍分频和奇数倍分频。其中偶数倍分频比较简单，计数器在上升沿或者下降沿计数，当计数器的值等于分频系数的一半时，信号翻转，就能够得到 50%占空比的波形，如图 A.1 所示。

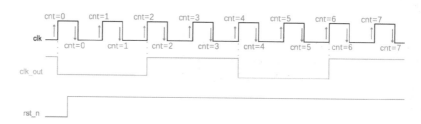

图 A.1　偶数倍分频

而奇数倍分频相对复杂一点，如果用同样的方法分频，在计数器的值等于分频系数的一半或者接近一半的时候信号翻转，那么得到的波形肯定不是 50%占空比，波形的正周期和负周期会相差半个周期，如图 A.2 所示。

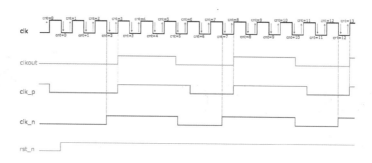

图 A.2　奇数倍分频

如何得到 50%占空比的分频信号？从图 A.2 可以看到，以上升沿计数和以下降沿计数得到的分频信号的相位也正好相差半个周期，那么通过上升沿和下降沿分别计数，得到的波形通过逻辑"与"或者逻辑"或"就能够产生 50%占空比的波形。

图 A.3 为 3 倍分频的时序图。以 3 分频为例子来说明，首先可以生成两个计数器：**clk_p** 采用上沿触发，**clk_n** 采用下沿触发。两个计数器的翻转间隔为：

$$翻转间隔 = \frac{N-1}{2} = (N \gg 1)$$

其中，N 为奇数，而等式中的 $\gg$ 符号在 Verilog 中代表将该数字的二进制码向右移动一位，因此等同于在十进制计算中对该数字除以 2 并忽略余数。比如，$7 \gg 1 = 3$，$9 \gg 1 = 4$，$21 \gg 1 = 10$ 等。最后将两个计数器进行或运算，就实现了占空比恰好为 50%的 3 倍分频信号 **clk_div3**。

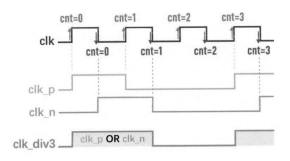

图 A.3　3 倍分频的时序图

代码 A.1 是完整功能的代码实现，与偶数倍分频一样，在例化该模块时通过传导参数对计数器位宽 **WIDTH** 和 **N** 进行修改即可。

代码 A.1：占空比为 50%的任意整数倍时钟分频模块

```verilog
module divider_integer # (
    parameter   WIDTH = 24,            //除数对应的二进制位宽为24位
    parameter   N     = 12000000       //除数为12000000
)
(
    input       clk,
    output      clkout
);

reg [WIDTH-1: 0] cnt_p, cnt_n;
reg clk_p, clk_n;

/**********上升沿触发部分****************************/
always @ (posedge clk) begin
    if (cnt_p ==  (N-1) )
        cnt_p <= 1'b0;
```

```
        else
            cnt_p <= cnt_p + 1'b1;
    end

    always @ (posedge clk) begin
        if (cnt_p <  (N>>1) )
            clk_p <= 1'b1;
        else
            clk_p <= 1'b0;
    end

/**********下降沿触发部分*****************************/
    always @ (negedge clk) begin
        if (cnt_n ==  (N-1) )
            cnt_n <= 1'b0;
        else
            cnt_n <= cnt_n + 1'b1;
    end

    always @ (negedge clk) begin
        if (cnt_n <  (N>>1) )
            clk_n <= 1'b1;
        else
            clk_n <= 1'b0;
    end
/*************************************************************
*****/
    wire  clk1 = clk;            //当N=1时，直接输出clk
    wire  clk2 = clk_p;              //当N最低位为0(偶数)时，N[0]=0，输出clk_p
    wire  clk3 = clk_p || clk_n; //当N最低位为1(奇数)时，N[0]=1，输出
//clk_p or clk_n

    assign clkout = (N==1) ? clk1:  (N[0]? clk3: clk2) ;
    endmodule
```

可以看到上述代码也可以实现奇数倍分频，但是无法输出占空比为 50%的信号。因此如果希望实现占空比为 50%的任意整数倍分频，则需要特殊处理奇数倍分频的部分。上沿触发的计数信号和下沿触发的计数信号进行逻辑或运算，最终得到 50%占空比的波形。

在代码最后使用了条件表达式进行输出判断，当分频系数 N 的最低位为 0 时，为偶数，直接输出上沿触发的分频输出；当分频系数 N 的最低位为 1 时，为奇数，输出两种边沿计数信号逻辑或之后的波形。

在 Verilog 中实现 BCD 码转化

数码管显示的数据通常是十进制数，而数码管显示的机制却是通过二进制数控制的。比如，当我们看到数字 28 时大脑会解读成十进制的"二十八"；对于数码管而言，需要两个数码管分别显示 2 和 8。这时需要将二进制数转换成 BCD 码输出到数码管。

BCD 码是一种常用的编码方式，用 4 位二进制数表示 1 位十进制数，是一种二进制的数字编码方式，见表 B.1。

表 B.1　BCD 码

十进制	BCD 码
0	0000
1	0001
2	0010
3	0011
4	0100
5	0101
6	0110
7	0111
8	1000
9	1001
10	0001 0000
11	0001 0001

可以看到，1 位十进制数需要用 4 位 BCD 码表示，数字大于 9 时需要 8 位 BCD 码表示，以此类推。

二进制数转换为 BCD 码有几种不同的算法，这里介绍一种常用的方法——加 3 移位法。简单介绍一下这种算法的原理，4 位二进制数大于 15 才进位，而 BCD 码大于 9 就进位，若 4 位二进制数大于 9 时进位，这样得到的就是 15 的 BCD 码，因此将大于 9 的 4 位二进制数加 6 就能得到其 BCD 码。例如二进制数 1011（十进制数 11），也就是十进制数 11+6=17，17 的二进制数就是 00010001，这就是转换后的 BCD 码。同理对于大于 4 位的二进制数，通过左移，逢 9 加 6 进位即可。比如说，对于 5 位二进制数，由高 4 位二进制数左移一位得到，那么将前 4 位得到的 BCD 码也左移一位，并重新判断低 4 位二进制数是否大于 9，若大于 9，则加 6 进位，即可得到 5 位二进制数对应的 BCD 码。

加 3 移位法相对于加 6 移位法在算法上的结果是等效的，但占用的资源更小，相比于加 6 移位法先移位再判断低 4 位是否大于 9，加 3 移位法先判断低 4 位是否大于 4，再进行移位。值得一提的是，加 3 移位法对于最后的低 4 位而言无须判断低 4 位是否大于 4，因为已经没有移位操作了。

以 8 位二进制数 255 为例，将其转换为 BCD 码，见表 B.2。

表 B.2 8 位二进制数 255 转换为 BCD 码

			255（十进制）		对应操作
			1111	1111	原数
	0000	0001	1111	1110	左移第一次
	0000	0011	1111	1100	左移第二次，
	0000	0111	1111	1000	左移第三次，
	0000	1010	1111	1000	检查到低 4 位大于 4，加 3 调整
	0001	0101	1111	0000	左移第四次
	0001	1000	1111	0000	检查到低 4 位大于 4，加 3 调整
	0011	0001	1110	0000	左移第五次
	0110	0011	1100	0000	左移第六次，
	1001	0011	1100	0000	检查到高 4 位大于 4，加 3 调整
0001	0010	0111	1000	0000	左移第七次
0001	0010	1010	1000	0000	检查到低 4 位大于 4，加 3 调整
0010	0101	0101	0000	0000	左移第八次
0010	0101	0101			BCD 码结果

十进制 255 最后转换的 BCD 码是 0010_0101_0101。

小脚丫 FPGA 上只有两位数码管，可以显示 00~99，下面代码是 8 位 BCD 码转换代码。

代码 B.1：8 位 BCD 码转换

```verilog
module bin2bcd (
    input [7:0] bitcode,
    output [7:0] bcdcode
);


reg [11:0] data;
integer i;
assign bcdcode = data[7:0];
```

```
always@(bitcode) begin
    data = 12'd0;
    for(i=7;i>=0;i=i-1) begin   //二进制码总共8位，所以循环位数是8
        if(data[11:8]>=5)
            data[11:8] = data[11:8] + 3;
        if(data[7:4]>=5)
            data[7:4] = data[7:4] + 3;
        if(data[3:0]>=5)
            data[3:0] = data[3:0] + 3;

        data[11:8] = data[11:8] << 1;
        data[8] = data[7];

        data[7:4] = data[7:4] << 1;
        data[4] = data[3];

        data[3:0] = data[3:0] << 1;
        data[0]= bitcode[i];
    end
end
endmodule
```

反侵权盗版声明

电子工业出版社依法对本作品享有专有出版权。任何未经权利人书面许可，复制、销售或通过信息网络传播本作品的行为；歪曲、篡改、剽窃本作品的行为，均违反《中华人民共和国著作权法》，其行为人应承担相应的民事责任和行政责任，构成犯罪的，将被依法追究刑事责任。

为了维护市场秩序，保护权利人的合法权益，我社将依法查处和打击侵权盗版的单位和个人。欢迎社会各界人士积极举报侵权盗版行为，本社将奖励举报有功人员，并保证举报人的信息不被泄露。

举报电话：（010）88254396；（010）88258888

传　　真：（010）88254397

E-mail：　dbqq@phei.com.cn

通信地址：北京市万寿路 173 信箱

　　　　　电子工业出版社总编办公室

邮　　编：100036